玩转多肉植物

兑宝峰◉主编

海峡出版发行集团 | 福建科学技术出版社
THE STRAITS PUBLISHING & DISTRIBUTING GROUP | FUJIAN SCIENCE & TECHNOLOGY PUBLISHING HOUSE

图书在版编目（CIP）数据

玩转多肉植物 / 兑宝峰主编 . —福州：福建科学技术出版社，2015.1（2019.4 重印）

ISBN 978-7-5335-4667-0

Ⅰ . ①玩… Ⅱ . ①兑… Ⅲ . ①多浆植物 – 观赏园艺 Ⅳ . ① S682.33

中国版本图书馆 CIP 数据核字（2014）第 259444 号

书　　名	**玩转多肉植物**
主　　编	兑宝峰
出版发行	海峡出版发行集团 福建科学技术出版社
社　　址	福州市东水路 76 号（邮编 350001）
网　　址	www.fjstp.com
经　　销	福建新华发行（集团）有限责任公司
印　　刷	天津画中画印刷有限公司
开　　本	700 毫米 ×1000 毫米　1/16
印　　张	13
图　　文	208 码
版　　次	2015 年 1 月第 1 版
印　　次	2019 年 4 月第 4 次印刷
书　　号	ISBN　978-7-5335-4667-0
定　　价	46.00 元

—— {序　言} ——

多肉植物是自然界中一个奇妙而庞大的观赏植物族群。从 16 世纪欧洲人开始栽培多肉植物起，几个世纪以来，千姿百态、五彩缤纷的多肉植物，令不同地域、不同时代、不同阶层、不同年龄的人们都为之痴迷疯狂！

在当今我们这个“全民卖萌”的时代，多肉植物“呆萌”靓丽的外形，易活好养，尤其能够美化环境、净化空气，以及任人肆意 DIY 装扮自我空间的植物特质，成为越来越多都市人们身边的“萌宠”。“肉粉”们将其视为“治愈系”首选，喻其为“最萌植物”。被这“萌宠”“萌翻”跌入“肉坑”不能自拔者，比比皆是。“玩”“养”多肉植物，已成为一种流行于都市的文化现象和趋势。

本书既是资深“肉粉”兑宝峰先生多年玩赏、收集、培育多肉植物经验、心得整理而成的，更是许多当今“肉界”精英们的经典之作。书中不仅包括多肉植物的盆景、盆艺制作在内的玩赏与养护技艺，还大量展示了日常较为罕见的品种品系的精美图片。种种植物，或精致缤纷，或朴实细致，满卷色香。这对于广大“肉粉”们无异于饕餮盛宴，尤其对初上道者，有着极高的观赏价值和参考价值，可谓是一部《萌宠植物大典》！

作者不吝文墨地将仙肉与众不同的百态情趣展示出来，以引人尽情享受多肉植物无尽幻化的华美，也充分体现了作者时尚的生活意趣和高雅的唯美情操。

作为一名《中国花卉报》的特约记者、花卉类的专栏作家，仙人论坛、仙珍圜等知名论坛的版主，作者对多肉植物的收集莳养起点较高，视野开阔，在多肉植物的栽培中收获颇丰。其相关文章在国内花卉类报刊上均有大量报道，本书也可以说是作者数十年经验之浓缩。

在此谨祝广大“肉粉”们从这淡淡的文墨芳菲中，得到些许快慰与帮助，让多肉植物的馨香滋润每一个喜爱它的人！

王松岳

写在前面的话

上世纪80年代，两只从地摊儿上淘来的纽扣大小的金琥和裸琥把我拖入“肉坑”，从此就再也没有想过“爬出来”，这一“玩儿”就是三十多年！从窗台到阳台，从窗里到窗外，我的“萌宠”队伍由于我的节衣缩食而日益扩展。当年东淘西凑，时常被“仙友”“接济”的“小粉”，今朝，我一个不小心也成了超级阳台“暴发户”“小地主”。

“送人玫瑰，手有余香”。作为一个“玩”了30多年的铁杆级老“肉粉”，有过无数成功的喜悦，亦曾有过不少失败的懊恼。我将这些都努力“化成”了铅字，将大量的心得文章发表在《中国花卉报》《中国花卉园艺》《花木盆景》《花卉》《园林》等报刊以及“仙人论坛”“仙珍圜”等知名论坛与人分享，我也从中结识了许许多多当今“仙肉界”顶尖级“大仙”，他们的博识博学让我得益匪浅，像知名论坛“仙珍圜”的爱家管理员以及岩鸣、仙人堡主任、不毛之地、仙人掌川、甘草、郑州小王、痣多小新、仙人之舞等网友，也使得我的这段人生岁月，成了生命中最“彩色的历程”。

每每在喧嚣过后独自静下来时，翻阅以往的文章、回忆那些个曾经拥有今已失去的、或依然健在的、曾陪伴我度过无数个日日夜夜的“萌宠精灵”。还有我的“仙友肉朋”们，是他（它）们给我的快乐增添了更丰富的内涵，让我的失落和痛苦变得更具价值！承蒙福建科学技术出版社的邀约，编写了这本有关多肉植物的册子，以对自己“玩”的过往做个小结，供各位同好参考，避免再走我所走过的弯路。

三十年来，曾经有不少朋友劝我“下海”，专门从事多肉植物的生意，都被我拒绝了，我觉得还是“玩”更适合我，把爱好变成为赚钱的门路，不仅会很累，也失去了“玩”的乐趣。选择“玩”多肉至今我无怨无悔，“玩”多肉可以使我们的生活多姿多彩，“玩”多肉可以使我们朋友遍天下。因此，将书名定为《玩转多肉植物》。这也是我的初衷和本书核心。既然定位于“玩”，就不要把它当作多肉植物的教科书和宝典，就将其当作“玩”的小册子吧。“玩转多肉植物”应该也是普天下每个“仙友”“仙粉”们的夙愿吧！

为本书友情提供图片的有陈永刚、李扬、李宗哲、上官军虎、赵永忠、张旭、焦峰、小凉、武爱丰、雷利、岩鸣、王松岳、王恺、痣多小新、鸾凤奎、唐杰、林少鹏、北方、聂俏峰、尚建贞、黄静薇、刘涛、花盗、Orion等，张旭还为本书提供从韩国多肉植物大棚拍回的精美图片；为本书提供摄影方便的有宋金喜、张金鼎、刘绪民、聂振魁、常畅、王曙光、董箐、程习武、郑桂英、刘磊等；本书部分图片摄自北京植物园、郑州植物园、南京中山植物园、中国第七届花博会（北京顺义）、第三届国际仙人掌及多浆植物精品展（北京植物园）、中国第八届盆景展（陕西安康）、郑州陈砦花市等处；本书盆景和盆艺中的部分作品由尚建贞、王松岳、王小军、杨自强、吴雪亮、张金回、穆龙等制作并提供照片。在此，特向上述朋友（排名不分主次）和有关单位表示衷心的感谢！更要感谢我的良师益友王松岳兄多年来给了我无私帮助和技术、文字等诸多方面的指导，并欣然为此书作序。

水平有限，付梓仓促，谬误难免，欢迎指正，谢谢笑赏！

兑宝峰

目 录

Contents

序言

1 品种篇——奇之趣

2 ■ 认识多肉植物
2 观叶类多肉植物
3 观茎类多肉植物
3 观茎干类多肉植物
4 观花观果类多肉植物
5 观刺类多肉植物
5 术语解释

10 ■ 番杏科
11 从番杏科演变看植物进化
14 生石花属
21 肉锥花属
27 春桃玉属
28 其他属代表种

33 ■ 景天科
34 景天属
36 石莲花属
43 莲花掌属
46 瓦松属
47 青锁龙属
53 天锦章属
54 奇峰锦属
56 其他属代表种类

Contents

61 ■ **芦荟科**
61 芦荟属
63 瓦苇属
82 沙鱼掌属
84 其他属种类

85 ■ **龙舌兰科**
85 龙舌兰属
91 其他属代表种

92 ■ **大戟科**
92 大戟属
98 其他属代表种

99 ■ **仙人掌科**

118 ■ **块根类**

128 ■ **其他科属选粹**

133 **盆景篇——美之品**

134 ■ **大自然的缩影——盆景**
135 选材
135 常用植物

150 ■ **盆中的艺术——盆艺**
150 盆艺
154 微型盆艺

155 ■ **岁月的沉淀——老桩 · 群生 · 老株**
155 老桩
157 群生
158 老株

159 **管理篇——养之乐**

160 ■ **养好多肉植物从营造环境开始**

160 环境——创造优越的小气候

161 盆器——多肉植物的“房屋”

163 土——多肉植物的“家居”

163 水与肥——多肉植物生长的“能量”

165 必备工具——工欲善其事，必先利其器

165 ■ **多肉植物四季管理**

165 春季春暖乍寒 谨防倒春寒

168 夏季高温酷暑 通风是关键

170 秋季暑凉交接 应变养好花

173 冬季天寒缺光 重在增光温

176 ■ **多肉植物的繁殖**

176 播种

177 扦插

178 分株

179 嫁接

181 组培

181 ■ **病虫害防治**

181 病害

182 虫害

182 ■ **走出误区，识破骗术**

183 栽培误区

186 识假辨伪

193 **附录 本书主要品种中名索引**

品种篇——奇之趣

玩家迷恋上多肉植物，最初都是被其奇特而富有趣味的外形所吸引，从而一发不可收拾，开始疯狂地进行“收集式”栽培，俗称“入坑”，收集一类或数类不同类型的多肉植物，将其视为有生命的藏品。如同集邮爱好者收集不同类型的邮票那样，不同玩家所收集的多肉植物类型也不尽相同。像有人喜欢以生石花、肉锥花为代表的番杏科多肉植物；有人收集以万象、玉扇、玉露、寿为代表的软叶系瓦苇（十二卷）；有人收集以瑞鹤、尼古拉、帝王卷、风车等各种硬叶系瓦苇；有人则迷恋各种各样的景天科多肉植物；还有人或喜欢各种龙舌兰科植物；或喜欢古朴自然的“块根类”多肉植物；或收集以卧牛为代表的沙鱼掌科植物；或迷恋于各种各样的仙人掌科植物，甚至分得更细，像喜欢仙人掌科植物中就有人收集“牡丹”（即岩牡丹属），有人收集“鱼”（乌羽玉）以及兜、乳突球、强刺球等不同的类型；喜欢景天科多肉植物的人群中就有人喜欢石莲花属，有人迷恋青锁龙属，还有人喜欢天锦章属的各种水泡，等等。当然，也有博爱型的玩家，什么类型的多肉植物都有一点儿。

认识多肉植物

多肉植物种类繁多，形态也与常见的植物有着天壤之别，尽管其外观千变万化，但它们的根、茎、叶等三种营养器官中至少有一种或两种具有发达的薄壁组织，以贮藏水分，因此外形显得肥厚膨大，看上去肉乎乎的，故这类植物被称为多肉植物或肉质植物、多浆植物。由于这些植物的大部分产于热带或亚热带沙漠地区，也有人称之为沙漠植物或沙生植物，但这种说法是不确切的。因为并不是所有的多肉植物都生长在沙漠地带，也有不少种类是生长在高山、岩石、海边、热带雨林等地带，而且沙漠中还生长着许多不是多肉植物的植物。

多肉植物按肉质化部位的不同，大致可分为叶多肉植物、茎多肉植物、茎干状（俗称“块根类”）多肉植物三种类型。

从观赏园艺的角度讲，多肉植物大致可分为观叶类、观茎类、观茎干类（俗称“块根类”）、观花观果类、观刺类等几种类型。其中，不乏兼有两种或两种以上观赏点的种类，像丽钟阁的茎、刺、花都很奇特；弹簧草、生石花等植物的叶与花都是看点；沙漠玫瑰古朴的根茎、绚丽的花朵都是看点。

观叶类多肉植物

观叶类多肉植物包括番杏科、龙舌兰科、景天科、芦荟科、风信子科等科的全部或者大部分种类，其叶子的形态和色彩十分丰富。以形体而言，或卷曲如弹簧，像弹簧草；或飘逸像水中的海带，像宽叶弹簧草；或圆润如珠，像玉露、灯泡；或晶莹如玉，清澈透明，像贝叶寿、万象、玉扇；有些种类的叶子上还有类似麦圈或英文字母、泪珠一般的白色疣突，像环纹冬之星座、钱形瓦苇、天使之泪；有的则

▲红宝石（景天科）

浑身长满疣突，酷似一个个小苦瓜，像朱唇石、大疣朱紫玉；有的叶缘或叶面上还布满白色茸毛，像景天科青锁龙属的月光。叶的颜色除了常见的绿色外，还有黄、红、紫、白、黑等颜色，即便是同一片叶子也会呈现出不同的颜色，甚至在不同的季节，不同的栽培环境中都会呈现出不同的色彩。此类植物真可谓千姿百态，趣味盎然。

观茎类多肉植物

观茎类多肉植物存在于仙人掌科、萝藦科、大戟科、夹竹桃科、葡萄科、菊科以及牻牛儿苗科等多个科，其茎肥大多汁，富于变化的肉质茎是该类型多肉植物的主要观赏点。形状有圆柱状、棱柱状、球形、山形、鸡冠形、不规则形等，色彩一般为绿色，有棱或疣状凸起，有些种类表皮被有白粉，或分布有斑纹、疣突、毛、刺等。

观茎干类多肉植物

茎干类多肉植物俗称“块根类”多肉植物，肉质化部分主要集中在茎的基部，形成膨大的，形状不一的块状体或球状体、瓶状体，多数种类的叶子直接从根颈处长出或茎基上几乎不是肉质的细枝上长出。在极端干旱的季节，此类植物的细枝和叶子枯萎，仅存膨大的“块根”。为了防止水分

▼大戟阁锦（大戟科）

▼睡布袋（葫芦科）

的流失，有时候膨大的茎基外再包裹着一层厚厚的木栓层，如著名的品种龟甲龙就是这样的。

在此类多肉植物中，还有一种鳞茎类型的，多出现在风信子科、石蒜科、鸢尾科等科的多肉植物中，像大苍角殿、哨兵花以及各种弹簧草等。

观花观果类多肉植物

多肉植物不仅能开花，而且花色绚丽多彩。像番杏科、仙人掌科、夹竹桃科、马齿苋科、景天科等科中的不少种类花色丰富，有白、粉、黄、橙、红、浅绿等多种颜色，即便是同一种颜色，也有深浅、明暗的变化，有些种类花瓣上还有金属般的光泽。花朵的大小也悬殊，小的不到 1 厘米，大的则有十多厘米或更大。由于种类的不同，开放时间也不尽相同，有的在阳光充足的白昼开放，有的在万籁俱寂的夜晚绽放，有的一朵花能开数日之久，有的仅有几个小时。

虎刺梅之类的大戟科多肉植物的花虽然不大，但有些种类的苞片颜色绚丽而丰富，成为观赏的主体，通常也将其归为观花型多肉植物的范畴。

龙王球、月世界、松霞、云、火龙果等仙人掌科植物的果实色彩红艳，也有一定的观赏价值；萝藦科、夹竹桃科中的一些种类的果荚细长，就像长着两根天线，奇特而富有趣味。

▲太田瘤玉（仙人掌科）

▲松霞的果与花（仙人掌科）

观刺类多肉植物

▲大龙冠（仙人掌科）

不少种类多肉植物的刺都有着较高的观赏价值，其中的仙人掌科植物的刺或威猛强大，或洁白素雅，或奇特有趣，成为观赏的主体，不少初次接触到它们的人都会感叹，这些“刺儿头”会如此之美丽。仙人掌科植物的刺千姿百态，形状有锥状、匕首状、锚状、钩状、栉齿状、针状、刚毛状、羽毛状等，颜色则有红、黄、白、黑、棕、褐的变化，长短也有很大的不同，其中强刺类仙人掌的刺强大而坚硬，中刺特别长，有的先端还有钩；而某些种类的乳突球和毛柱类仙人掌的刺多呈毛状，长而柔软，呈白色，犹如寿星的白发；还有些种类乳突球的刺呈放射状生长，很像蜘蛛之类的昆虫。还有一些种类的植物，白色的刺虽然不长，但排列密集，几乎把整个球体覆盖，使其看上去好像白色的鸟卵，非常可爱。而乌羽玉、兜、松露玉、岩牡丹、龟甲牡丹、黑牡丹的刺则退化成痕迹，仅在刺座上生有茸毛。

术语解释

在了解多肉植物的基本特点后，再来认识几个与之相关的专用“术语”，以便更深入地了解多肉植物。

野生种 也叫原生种、产地种，是指植物在原产地自然状态下生长的植株，其

▲野生龟甲牡丹（仙人掌科）

自然朴拙，富有野趣，尤其是仙人掌科的岩牡丹、龟甲牡丹（俗称“野龟”）、乌羽玉、银牡丹、精巧丸等具有膨大的块根的种类更是受到玩家的追捧，但由于原产地环境恶劣，使得这些植物生长极为缓慢，而且数量稀少，成为列入《濒危野生动植物种国际贸易公约》（CITES）的保护植物，严禁贩卖，相关国家也出台法律，严禁采挖野生资源，进行保护。尽管如此，盗挖、盗采现象还是屡禁不绝。国内各地海关也多次查获非法走私进口野生龟甲牡丹、乌羽玉等种类的多肉植物，淘宝以及一些知名论坛也禁止此类植物的交易。对于这类植物，玩家最好不要去碰，以免触犯相关法律，轻者罚款，重者坐牢。

园艺种 是指经过人工驯化繁衍的植株，其生长速度相对较快，而且通过育种手段诱发基因突变，显现出野生种没有的特征或将某些特点放大，使之更符合人们的审美要求，像万象、玉露、寿，其园艺种的株型、叶形、“窗”的通透度以及“窗”面的纹路都与原生种有着天壤之别。园艺种包括园艺变种、优选种、园艺杂交种等。

◀园艺种万象（芦荟科）

斑锦 也称斑锦变异、锦化、斑入，是指多肉植物的叶、茎等部位在生长过程中，由于叶绿素发生缺失或变异，造成该部位出现黄色、白色、橙色、红色斑纹或斑块。在仙人掌科、龙舌兰科、芦荟科、大戟科、景天科、马齿苋科、番杏科等科的多肉植物中都有发现斑锦品种。因其植株体内含叶绿素较少，生长缓慢，因而较为珍贵，某些斑锦品种的价格往往是原种的数倍乃至数十倍，甚至上百倍。其中斑纹显著者称“明锦”，其色彩明快，对比强烈；斑纹不太显著者称“晕锦”（也称暗锦、浅锦），若隐若现，也很奇特。

按斑纹分布的位置不同可分为若干个类型，斑纹在叶缘的称“覆轮”，在叶片中央者称“中斑”，呈不规则分布的称“散斑”，呈细条状者称“缟斑”。斑锦呈细丝状者称“拉丝”；斑锦与非斑锦结合部位界线模糊的称为“糊斑”；整个植株都呈黄色或其他颜色斑锦的称“全黄”或“全锦”；若全锦植株出现绿色斑纹则称之为“逆斑”；斑锦分布匀称、色泽明快的称为“极上斑”；把一半黄一半绿的称“鸳鸯锦”。

王妃雷神覆轮锦（龙舌兰科）

王妃雷神白中斑锦（龙舌兰科）

斑锦品种的命名一般规律是原种后面加上“锦”或“之光”，像琉璃殿的斑锦变异称为“琉璃殿锦”，千代田锦的斑锦变异称为“千代田之光”等，当然也有少量的品种不按这个规律，像短毛球的斑锦变异叫“世界图”，玉麟凤的斑锦变异叫“白桦麒麟”。

缀化 也称带化变异或鸡冠状变异，其特征是植株顶部的生长锥不断分生、加倍而形成许多生长点，而且横向发展连续成一条线，使得植株长成一个扁平、扇形、鸡冠状的带状体。栽培多年的缀化植株扭曲重叠呈波浪状。缀化现象存在于仙人掌科、大戟科、萝藦科、景天科、夹竹桃科等科的多肉植物。

缀化变异的命名规律一般是在原种的后面加“缀化”或“冠”，像紫牡丹缀化、乱雪缀化、乌羽玉缀化以及金琥冠、绯牡丹冠等，也有少量的不按这个规律，像白檀的缀化称“白马”或“鸡

▲ 春峰之晖（大戟科）

冠掌”、帝锦的缀化称“春峰”。

石化 也叫岩石状或山峦状畸形变异，其特征是植株所有芽上的生长锥分生都不规则，而使得整个植株的肋棱错乱，不规则增殖而长成参差不齐的“岩石”。石化变异通常发生在仙人掌科天轮柱属和其他一些柱形或球形种类中。其中较为常见的山影拳就是天轮柱属几个不同种石化变异的统称。

▲ 高砂石化(仙人掌科)

姬 表示“小”的意思，源自日本，主要用于龙舌兰科、芦荟科等科的多肉植物中。在某原种前面加个“姬”字，就表示其为小型种，像姬乱雪、姬龙舌、姬雪山、姬玉露等。

▲ 姬玉露（芦荟科）

王妃 也是“小”的意思，源自日本，比“姬”型种更为小巧精致，像王妃雷神、王妃笹雪、王妃甲蟹等。

王妃笹雪（龙舌兰科）

达摩 也是“小”的意思，特指短、肥、圆的株型或叶子，源自日本，像达摩绿塔、达摩福娘。

▲ 达摩福娘（景天科）

▲ 紫肌玉露（芦荟科）

肌 就是肌肤、皮肤的意思，这里指的是植物表皮的颜色，像乌羽玉中的“白肌”“特白肌”“蓝肌”“黄肌”，玉露中的“紫肌”等。士童中的艳肌士童则表示其表皮颜色较深、泛红，显得较为鲜艳。需要指出的是，“肌”颜色的深浅与栽培环境以及植物状态有着很大的关系。一般来讲，植物在光照强烈、休眠期的时候，颜色较深，更能突出“肌”的特点，而在生长旺盛和光照不足时，其色彩就偏绿些。

窗 芦荟科瓦苇属中大多数软叶亚属种类和龙鳞等少数硬叶亚属种类的肉质叶，番杏科肉锥花属中风铃玉、白拍子等种类的肉质叶，

▲ 寿的窗结构（芦荟科）

呈透明或半透明状，谓之“窗结构”，俗称“窗”。此外，生石花的叶面也用“窗”来表示，像全窗、半窗等类型。

疣 也称疣突，指多肉植物茎或叶上的凸起部分，像大疣卧牛、大疣银冠、小疣翠冠、角疣翠冠玉等。

▲ 大疣卧牛（芦荟科）

丸 即“球”的意思，源自日本，像蔷薇球也被称为蔷薇丸；某些种类的多肉植物叶片圆润肥厚，也被称为“丸叶”型，像丸叶青蟹、丸叶西山寿等。

▲ 丸叶青蟹（芦荟科）

番杏科

番杏科（Aizoaceae）是叶多肉植物的代表，所有种类的叶都有不同程度的肉质化，植株或呈小灌木状，或为藤本，或肉质叶排列成特殊形状。果为吸湿性蒴果，遇雨水即开裂，释放出种子。主要分布于南非、纳米比亚等非洲南部，少数分布在地中海地带。

番杏科植物约有近百个属，2000余种，作为花卉栽培的主要有生石花属、肉锥花属、唐扇属、露草属、银叶花属、春桃玉属、对叶花属、虾钳花属、露子花属、照波属、棒叶花属、藻玲玉属（驼峰花属）、光玉属、快刀乱麻属、舌叶花属、魔玉属、奇鸟菊属、天女属、肉黄菊属、日中花属、仙宝属等。其中生石花属、肉锥花属、春桃玉属、魔玉属、银叶花属、对叶花属等叶子极端肉质化的种类最受青睐，不少玩家专门收集此类植物栽培。

从番杏科演变看植物进化

番杏科是多肉植物中外形变化比较大的一个科。如果仔细观察的话，就会发现：露草、白凤菊、怒涛、生石花、风铃玉等种类的多肉植物虽然形态差别很大，但花的形状几乎完全一样，只是颜色、大小和细微处有所差异。其实，这也不算奇怪，因为这些番杏科多肉植物，为了适应不同的环境，经过漫长的岁月，逐渐演变出千奇百怪的形态，但作为植物分类主要依据的花的形态依然保持了番杏科植物的主要特征。其总的规律是，随着生长环境越来越干旱，其茎渐趋缩短，株型也缩小，叶子的肉质化程度则越来越高，以尽量多保存水分，减少蒸发，适应环境。由此可见，番杏科多肉植物是因环境变化而进化的"活化石"之一。

下面就撷取番杏科多肉植物中的几个代表性种类，来感受其形态是如何随环境的差异而变化的。

露草（*Aptenia cordifolia*） 别名露花、花曼草、心叶冰花、牡丹吊兰、一点红。这是一种比较原始的多肉植物，形态与草花极为相似，为露草属常绿肉质草本植物。植株匍匐生长，多分枝。叶对生，心状卵形，鲜绿色。小花红色，花瓣多数，短线形，形似菊花。此外，还有其斑锦变异品种——露草锦，叶面上有白色或淡粉色斑纹。

露草原产南非的纳塔尔省，该地区濒临印度洋，年降雨量在1000毫米以上，气候温暖湿润。番杏科这种形似草花、生长在环境湿润或一年中有部分时间降雨充沛环境中的植物，还有龙须海棠、日中花、冰花等，其形态虽然与草花近似，但叶质较厚，呈肉质，而且密被冰霜状茸毛，具有这些旱生植物结构特点。

▼ 露草

▲ 露草锦

▶小贴士

露草与田七、穿心莲不沾边

露草还能作为蔬菜食用，其嫩叶、嫩茎，加上盐、蒜泥、醋、香油等调味品，口感软滑清香。一些地方的饭店、菜市场常将其作为“田七”“穿心莲”出售，但这是张冠李戴，以假乱真。真正的田七、穿心莲并不是多肉植物。

白凤菊（*Oscularia pedunculata*） 琴爪菊属（也称覆盆花属）多肉植物。植株多分枝，茎红色。肉质叶三角形，被有浓厚的白粉，花粉红色。与露草相比，其叶片较小，但更为肥厚，已经更具有多肉植物的形态了。

原产南非开普省较为湿润的地区。

▲ 白凤菊

照波（*Bergeranthus multiceps*） 照波属多肉植物，已经是比较完全的多肉植物形态了。植株丛生，单株叶 6 ~ 8 枚，肉质叶细三棱形，绿色，表面光滑，没有斑点。花黄色，形似菊花。

原产南非开普省南部比较湿润的地区，在

◀ 照波

▲ 怒涛

该地区还生长有露子花属的雷童、夕波等品种。其习性与大多数番杏科植物相反，具有夏季生长、夏季开花的习性。

怒涛（*Faucaria tuberculosa*） 肉黄菊属多肉植物。植株小型。肉质叶交互对生，叶色深绿，叶面有线状、块状或其他不规则形状的肉质突起，叶缘有肉质齿。花黄色，直径 4 厘米左右，形似菊花。本属中见于栽培的还有四海波、荒波、红怒涛、狮子波、雪溪、鲸波、狂澜怒涛等，这些植物株型近似，花型和花色基本相同，但叶面、叶缘上的凸起具有很大的变化。

怒涛原产南非开普省的小卡鲁高原的石灰岩地带，该地区为地中海式气候，气候温和，夏季干旱，冬季有少量的降雨。

五十铃玉（*Fenestraria aurantiaca*） 也称橙黄棒叶花，为棒叶花属多肉植物，原产南非与纳米比亚接壤的气候干燥少雨地区。植株无茎，丛生。肉质叶棍棒状，上粗下细，叶色灰绿，顶部圆凸，有透明的“窗”。花橙黄色，有花梗，花形像菊花。

近似种有棒叶花（也称群玉）和光玉等。棒叶花的花白色。光玉为光玉属植物，原产南非德兰士瓦省。这里的气候更为干燥，因此光玉的株型也更小。棍棒状叶顶端截形，有透明的“窗”。花无梗，深粉红色。

▲ 五十铃玉

风铃玉（*Conphytum friedrichiae*） 原为风铃玉属，现在一般认为它是肉锥花属的一个亚属。原产纳米比亚的大纳马兰地区，是非洲最为干旱的地区之一，气候冷凉，阳光充足。对生的肉质叶组成近似圆柱体，表皮光滑，红褐色，顶部圆凸，有透明的“窗”。阳光透过透明的“窗”射入体内，既不散失水分，又不影响光合作用。花白色或粉色。其外形和色彩都很像周围的砾石，这样可以避免动物的啃食。植株大部分埋在砾石中，白天可以减少水分蒸发，夜晚砾石上凝结的水分可以滋润其根部。

生石花属

生石花属 (*Lithops*) 是番杏科多肉植物的代表种之一，不少玩家提到“番杏”一词，首先想到的就是生石花，其全属都可称为生石花。

形态特征 生石花(*Lithops* sp.)又名石头花、石头玉，因形态酷似卵石而得名，是一种高度发展的“拟态”植物。植株具肉质根，在自然状态下主根上很少有侧根，只是在逐渐变细的主根末端有少数须根连着毛细根，当主根折断后才会萌发侧根（栽培中常利用这个特性，将主根截断，促发侧根，以促使其多吸收养分，有利于植株的生长）。地上部分是两片对生联结的球状肉质叶，其形似倒圆锥体，叶色有白、浅灰、棕、蓝灰、绿、黄、红、紫红等变化，顶部近似卵形，平或凸起，上有透明的“窗”或半透明的斑点、树枝状凹纹，可透过光线，在植株内部进行光合作用。顶部两叶中间有小

▲风铃玉

缝隙，花从这条小缝隙开出，花色多为黄、白色，罕有红色。花朵通常在秋季或初冬天气晴朗的午后甚至傍晚开放，日落后闭合；如此昼开夜闭，可持续 4 ~ 6 天；若遇阴雨天或栽培场所光线不足则难以开花。

▲ 生石花

品种分类 生石花属原始种约有 80 多个，还有大量的园艺种和变种。目前，比较通用的分类方法是科尔（Cole）编号。

南非约翰内斯堡的科尔（Desmond T. Cole）教授，对生石花属植物的习性、地理分布进行了长期的野外研究。在其研究过程中拍摄了大量的原生地照片，并根据发现地点的不同进行了编号，也就是著名的生石花的科尔编号。其整体规则是以“C+ 数字”的形式进行组合，字母 C 后的数字代表着该编号的发现地点，像 C261、C262、C283、C309、C367 等都是荒玉，但发现地点有所不同。如果该地点发现两种或两种以上的生石花，则在数字的后面加 A、B、C……，依此类推。像大内玉系列中的 C081、C081A 中的“081”表示二者是在同一地点发现的，后者加“A”则表示为前者的变种，即 C081 是大内玉，C081A 是红大内玉。再如 C142A 和 C142B 分别是巴厘玉系和富贵玉系中某品种编号，表示它们是在同一地点发现的不同品系的生石花品种，它们只是邻居，毫无关联性，而 C142 这个不带后缀字母的编号是不存在的。

现在科尔编号有 400 多个，分别标记着生石花的自然分布情况，每个编号都对应着详细的产地信息。由于具有权威性、规范性，越来越多的生石花玩家倾向于按科尔编号进行生石花品种的系统收集。

由于科尔编号只是代表在不同地点发现的生石花，因此就出现了很多个科尔编号的生石花拉丁名完全一样的现象。此外，同一个科尔编号的生石花，由于遗传、种源以及种植环境的差异，也具有多样性的特点，很难对某一科尔编号的生石花品种进行明确的特征描述。因此编号图谱只能作为一个品种参考，具有一定的典型特征，不能作为品种识别的依据。

随着越来越多的生石花园艺种被培育出来，培育者往往通过在原有科尔编号的后面增加字母的方式对该园艺种进行编号。这跟科尔编号的本质是不同的，其编号不再对应着产地信息，尽管并非是原产地所发现，但也能够指导玩家了解其由来。

生石花种类主要有露美玉、紫勋、微纹玉、日轮玉、朝贡玉、巴厘玉、荒玉、曲玉、红大内玉、红菊水、大津绘、柘榴玉、雀卵玉、鸣弦玉、古典玉等，每个种类又有若干个品种，像微纹玉就有黄微纹玉、白微纹玉（乐地玉）等。此外，日本岛田系列的生石花也颇受玩家的青睐。

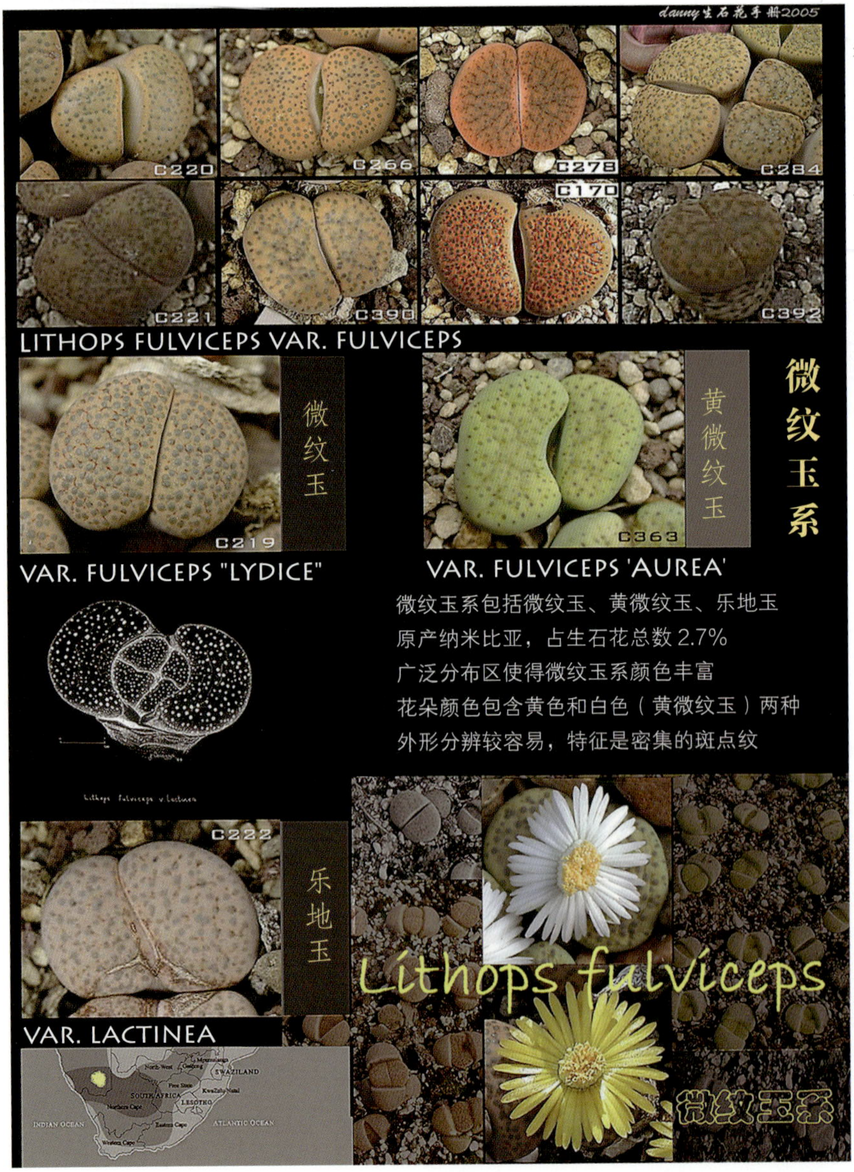

科尔编号的微纹玉图谱（来源于网络）

▲ 安珍

▲ 毛安珍

▲ 不同品种的安珍

深色的点状或线状花纹，有些品种还有凸起的黑色或褐色疣点。花夜开型，奶油黄色或白色、淡粉色。

星琴是安珍系中较大的品种，在夜晚开花，花奶油色，有芳香。其脱皮过程如下：即将脱皮的星琴的外皮变得非常的薄，一捅即透；脱皮后，在阳光充足的环境中，星琴带有美丽的粉红色。

▲ 星琴脱皮过程①

▲ 星琴脱皮过程②

小红嘴 是爱好者对一类肉锥花属植物的统称。其代表种是 *Conophytum vanzy-*

▲鸽子蛋

lii，特征是肉质叶中央部位有一形似嘴巴的凹陷，其边缘略有凸起，在阳光充足、昼夜温差较大的环境中，该部位呈红色或带有红晕，看上去就像一个美丽的小红嘴。近似种翡翠玉（*Conophytum calculus*）珠圆玉润，形似鸽卵，被玩家称为“鸽子蛋”。

小贴士

“红嘴”现象并非肉锥花属独有

在肉锥花属，甚至生石花属中都有这种“红嘴”现象，也有人称之为“口红”。需要指出的是，“红嘴”不是在任何时候都有的，只有在光照充足、昼夜温差较大的环境中才能显现，而栽培环境阳光不足就会减弱，甚至消退。

▲美丽的“小红嘴”

▲生长旺盛时，“小红嘴”也褪去了

勋章（*Conophytum pellucidum*） 也称勋章玉。肉质叶呈褐色，根据品种的不同有深浅的差异，叶表面有深色线状或点状花纹。花在白天开放，以白色为主，也有粉红色。品种较为丰富，其中的蝴蝶勋章，叶面的纹理就像蝴蝶展开的翅膀，非常别致。

▲蝴蝶勋章

灯泡（*Conophytum burgeri*） 肉质叶半球形。一般为单生，偶尔也有双头，甚至3头、4头的群生植株，单头直径2.5～5厘米或更大。表皮明绿色，半透明状，在光照充足的环境中，表皮呈鲜红色，看上去就像个红艳艳的大李子，非常惹人喜爱。花大型，淡紫红色，中心部位颜色较浅，春季或秋季开放。昼开型。

此外，还有一种被爱好者称为“拉登”的灯泡，其肉质叶顶端像被刀稍微向下“切”了一下，呈双头状；哈默灯泡，株型较小，顶部较尖，表皮绿色。

▲灯泡

▲开花的灯泡

灯泡一般情况每个植株内部只能孕育1头新株（偶尔也可分头，由1头变成2头）。冬春季节其内部的新株逐渐膨大，到了暮春时节，其老叶逐渐变薄并萎缩，像一层牛皮纸似的包裹在新株外面。在炎热的夏季灯泡进入休眠期，包裹在外面的干枯老叶看上去虽然不美观，但却能够抵挡夏季强烈的紫外线对幼株的伤害，并从潮湿的空气中吸收水分，对新株有着重要的保护作用，因此不要轻易将其剥掉。到了秋季新株进一步长大，牛皮纸样的老叶就会逐渐脱掉；有时候这种老叶会呈絮状粘在植株上，如果用手或镊子去剥，很容易伤到娇嫩的表皮，可在浇水时利用喷壶喷水的压力，将其冲刷掉，使之恢复晶莹剔透的状态。

灯泡的管理与生石花近似。繁殖可在冷凉季节进行播种。

毛球肉锥（*Conophytum stephanii*） 也称毛球、毛蛋，小型种。易群生，植株圆球状，暗绿色或褐绿色，密生茸毛，小花橙色。

▲ 毛球肉锥

▲ 毛球肉锥的花

少将（*Conphytum bilobum*）肉质的扁心形对生叶，叶基部联合，顶部有鞍形中缝，叶先端钝圆。叶色浅绿至灰绿色，叶缘带有红色（在冷凉季节更为明显），表面具深绿色小斑点。本属中形态与少将相似的还有青露、舞子以及被爱好者称为“王将”“巨将”“红耳少将”“大枪”“钳叶少将”“空蝉”（俗称“大眼睛”）等。花色以黄色为主，也有白、紫红、橙红、红等颜色，秋季的白天开放。玩家把这一系列统称为少将系。

▲ 少将

◀ 空蝉

◀ 白花大枪

▲ 幻玉

春桃玉属

春桃玉属（*Dinteranthus*）植物并不是太多，主要有奇风玉、幻玉、妖玉、春桃玉、南蛮玉等，其中仅绫耀玉顶端是平的，平面上还有花纹，其他品种肉质叶顶端均为圆形、半圆形，也没有花纹，仅有透明的斑点。

春桃玉属的养护与生石花养护基本相同。

▲ 妖玉

绫耀玉（*Dinteranthus vanzylii*） 外形与曲玉、荒玉等白色系列的生石花极为相似：植株由 2 枚极端肉质的对生叶组成，顶端平。叶色灰白色或稍微泛红、泛绿，顶部有红色的线状或网格状斑纹或斑点。花黄色，花期秋季，昼开型。

▲ 绫耀玉

南蛮玉（*Dintheranthus pole-evansii*） 也称高尔夫。极端肉质叶灰白色至乳白色，有透明的深色疣点，顶端圆凸，呈半球形，似卵石，又像刚结蕾的蘑菇。花黄色，秋天开放。

▲ 南蛮玉

春桃玉（*Dintheranthus inexpectatus*） 肉质叶青白色，光照强烈时会变成白中略带淡粉色，叶面无任何斑点，给人以光滑玉润的感觉，成株为寿桃形，花深黄色，秋季开放。

▲ 春桃玉

其他属代表种

▲ 帝玉

帝玉（*Pleiospilos nelii*） 对叶花属植物。植株无茎，非常肉质的叶交互对生，一株往往由2～3对叶组成。叶卵形，基部联合，在生长期一对叶上部拉开很大的一段距离，使植株酷似元宝，而到了休眠期老叶逐渐干枯萎缩，仅剩中间的一对叶，而且呈闭合状。叶缘钝，表面平，背面圆凸，叶色灰绿，有许多透明的深色小点。花朵具短梗，直径约7厘米，黄色或橙黄色，昼开型。栽培品种有紫帝玉，叶色紫红，花紫红色。同属中近似种有凤卵、青鸾等。

帝玉为冬型种多肉植物，多采用播种繁殖。

▲ 凤卵

▲ 青鸾

金铃（*Argyroderma delaetii*） 银叶花属植物。植株无茎，非常肉质的叶半卵状，2～4片交互对生，每对叶下部联合，上部则拉开很大的距离，看上去就像一只元宝，叶色灰绿，表皮

▲ 金铃

▲ 白花金铃

▲ 红花金铃

硬而光滑，无斑点，先端圆钝。花从两叶之间的中缝开出，无柄或具短柄，花大型，黄色或白色。花期冬春季节，昼开型。

金铃为冬型种多肉植物，多采用播种繁殖。

银叶花属植物约有 50 种，其株型和大小都相差不大，花色有红、粉红、橙黄、黄、白等多种颜色，花型有单瓣、重瓣之分，有些品种的花朵还像风车那样旋转。常见的有开深红色花的红花金铃（也叫赤花金铃）以及银铃、贺春玉、银光玉、京雏玉等品种。

亲指姬（*Dactylopsis digitata*） 也称手指玉，因肉质叶似手指头而得名，手指玉属植物。植株无茎。肉质叶簇生，高 10 ~ 15 厘米，绿色，手指形，质地较为柔软，表面光滑，稍被白粉。花单生，花瓣细长，多数，花朵菊花形，白色，花期6月。

亲指姬为冬型种多肉植物。可播种或分株、扦插繁殖。

碧光环（*Monilaria obconica*） 碧光环属植物。植株具枝干，易群生。叶子上有半透明的细小颗粒；新长出的叶子向两边分开，很像兔子的耳朵，因此常有人称之为“小兔子”，但叶子长大后就会耷拉下来，完全失去幼时那种“萌萌”的可爱状态。

碧光环为冬型种多肉植物，多用播种繁殖。

▼ 亲指姬

▲ 碧光环的新叶

▲ 碧光环的成叶

天女（*Titanopsis calcarea*） 天女属小型植物。肉质叶呈莲座状排列，直径 6 ~ 8 厘米。匙形叶向外伸展，淡绿色，密被灰色或淡红褐色小疣。花黄色或橘黄色，直径 2 厘米左右，单生，有短花梗，秋天开放。同属中近似种还有姬天女、天女簪、天女影、天女裳等。

怪奇玉（*Diplosoma retroversum*） 也称玉藻，玉藻属多肉植物。植株初为单生，以后逐渐形成群生状态。肉质叶对生，长条形，绿色，有光泽，表面光滑或具透明的疣点，在阳光下油润光亮，鲜嫩可爱。花粉红色或白色，秋季开放。

▲ 怪奇玉

▲ 天女

夏天休眠后部分或全部叶片干枯，秋凉后再长出新的叶子。

怪奇玉为冬型种多肉植物，以播种繁殖为主。

虾钳花（*Cheiridopsis denticulate*）虾钳花属植物。植株丛生。对生叶基部联合成肉质鞘，整个对生叶酷似一把钳子。叶表皮薄，有许多透明的小突起；叶色浅灰绿色至灰白色。花从两叶的中缝开出，黄色花，一般每株只开一朵。在晚冬至初春阳光充足的下午开放，夜晚闭合，如此昼开夜闭持续 7 天左右，若遇阴雨天则不能开放。

虾钳花为冬型种多肉植物，可播种或分株繁殖。

▲ 虾钳花

翔凤（*Cheiridopsis peculiaris*）虾钳花属植物。幼株单生，老株则密集丛生。对生叶基部联合成肉质鞘，整个对生叶酷似一把平口的钳子。叶正面扁平，背面圆凸；叶表皮薄，有许多半透明的细小点；叶色浅灰绿色至灰白色，强光晒容易变成褐红色。花从两叶的中缝开出，黄色花，一般每株只开一朵。昼开型。花期晚秋至初冬，如果因栽培环境光照不足，也可能在春天开放。

翔凤为冬型种多肉植物，播种繁殖。

▲ 翔凤的花

▲ 翔凤

新妖（*Glottiphyllum peersii*）舌叶花属植物。丛生。对生叶基部联合成肉质鞘；叶正面中下部扁平，背面圆凸，中下部扁平的地方有白色的棱；叶表皮薄，光滑有许多不明显的细小点；叶色绿色至红绿色。花从两叶的中缝开出，黄色花，大型。

新妖为冬型种多肉植物，可播种或分株繁殖。

▲ 新妖

▲ 新妖

唐扇（*Aloinopsis schooneesii*） 唐扇属（菱鲛属）多肉植物。植株丛生，具肥大的肉质根，无茎。叶 8 ~ 10 枚直接从根的基部长出，排列成松散的莲座状；肉质叶很小，近似匙形，先端为浑圆的三角形，叶色蓝绿或褐绿色，密布深色舌苔状小疣突。花朵黄色或白色、淡粉色，花瓣中央有红色条纹，有丝绸般的光泽，花期春末夏初，昼开型，单朵花可持续开放 3 ~ 5 天。

唐扇为冬型种多肉植物，可播种或分株繁殖。

▲ 唐扇

魔玉（*Lapidaria margaretae*） 魔玉属多肉植物。植株具短茎，易群生。单株在最佳状态时有 4 对叶，一般状态时则保持有 1 ~ 2 对叶。肉质叶对生，上部分开，基部联合，叶半圆形，有尖，叶背有龙骨状凸起，叶缘棱线分明，叶色灰白。花黄色。

魔玉为冬型种多肉植物，多用播种繁殖。

▲ 魔玉

白魔（*Gibbaeum album*） 藻玲玉属（也称驼峰花属）多肉植物。对生叶白色，顶端形状不规则，两叶最初紧密地连在一起，后分开，表皮密被几乎肉眼看不到的白茸毛。花白色。

白魔为冬型种多肉植物，可播种或分株繁殖。

藻玲玉属植物中有不少种类花色浓艳，花朵硕大，开花容易，像春琴玉、无比玉等，还有些种类肥厚的肉质叶或光滑圆润，或茸毛满身，像银光玉、翠滴玉等。

▲白魔

▲银光玉

▲无比玉

宝辉玉（*Muiria hortenscae*） 宝辉玉属多肉植物，本属仅此一种。绿色的肉质叶腰子形，密布细密的茸毛，非常可爱。花白色。

宝辉玉为冬型种多肉植物，多用播种繁殖。

▲宝辉玉

景天科

景天科（Crassulaceae）是多肉植物中很重要的一个科，其品种繁多，形态更是千变万化：叶色除了常见的绿色外，还有红、黄、紫、白等多种颜色，甚至一片叶子上也能呈现出不同的色彩；有些种类的叶子还呈莲座状排列，看上去就像盛开的花朵，而且长久不凋。其独特的魅力使之成为多肉植物中最受欢迎的种类之一，尤其是受到刚入门的朋友喜爱，不少人就是从喜欢景天科植物开始，逐渐迷恋上多肉植物的。

景天科多肉植物为多年生草本植物，叶互生、轮生或对生，多以观叶为主；也有少量的块茎或块根类，它们大多集中在奇峰锦属。作为观赏花卉栽培主要有景天属、石莲花属、莲花掌属、长生草属、青锁龙属、瓦松属、天锦章属、银波锦属、伽蓝菜属、风车草属、仙女杯属、魔南景天属、奇峰锦属等。

景天属

景天属（*Sdum*）是景天科最大的属，约有600种，广泛分布于北温带和热带高山地区。植株呈草本或小灌木状，茎直立或匍匐生长，肉质叶对生或呈覆瓦状排列。该属有不少种类用于园林绿化，作为玩家栽培的是其中的小型种。

景天属多肉植物因生长环境不同，其习性也有很大差异。虽然都喜凉爽干燥和阳光充足、昼夜温差较大的环境，但也存在着很大的种间差异。像胭脂红景天、松塔景天、佛甲草等种类冬天能耐零下5℃，甚至更低的温度，夏季也没有明显的休眠期，因此常用于园林绿化以及屋顶花园的美化。而信东尼、绿龟卵等种类在炎热的夏季有着明显休眠期，要求通风良好，并控制浇水，以免腐烂。冬天不低于0℃，要求有充足的阳光。

常用扦插、播种的方法繁殖。

绿龟卵（*Sedum hernandezii*） 植株多分枝，茎上有黄棕色茸毛。肉质叶卵形，绿色，环状互生，叶上有细微的膜状茸毛，并有龟裂状的纹路。簇状花序，小花黄色。

胭脂红景天（*Sedum spurium* cv. *coccineum*）因在休眠时或干旱时顶端的叶子包裹在一起，形成类似玫瑰的花苞，故也被称为“小球玫瑰”“龙血玫瑰”。植株多分枝，株高10厘米左右。茎匍匐，光滑。叶对生，卵形至楔形，叶缘上部锯齿状，叶片在阳光强烈时呈胭脂红色。近似种有叶子呈绿色的“绿景天”。

▲ 胭脂红景天

▼ 绿龟卵

▲ 虹之玉锦

▲ 信东尼

虹之玉（*Sedum rubrotinctum*） 又称虹玉、玉米石、耳坠草。植株丛生。肉质叶互生，圆筒形至卵形，绿色，表皮光亮，在阳光充足的条件下转为红色。小花淡黄红色。斑锦变异品种虹之玉锦，也称虹之玉之光。

姬星美人（*Sedum anglicum*） 植株低矮，多分枝。膨大的肉质叶互生，倒卵圆形，绿色。花淡粉白色。品种有大姬星美人、小姬星美人、旋叶姬星美人等。

信东尼（*Sedum hintonii*） 肉质叶排成紧密的莲座状，叶片广卵形至散三角卵形，无叶尖；叶色常年绿色；叶面上布满白色茸毛，有长毛与短毛之类型。

▼ 姬星美人

石莲花属

石莲花属（*Echeveria*）也称拟石花属，约有167个原始种。大多数种类植株呈矮小的莲座状，也有少量种类植株有短的直立茎或分枝。叶片的肉质化程度不一，有厚有薄，形状有匙形、圆形、圆筒形、船形、披针形、倒披针形等多种。部分种类叶片被有白粉或白毛。叶色有绿、紫黑、红、褐、白、蓝等颜色，而每种颜色又有深浅的变化，有些叶面上还有美丽的花纹、大的疣状凸起，叶尖或叶缘呈红色。此外，某些种类还有斑锦变异品种和缀化变异品种。花序有总状花序、穗状花序、聚伞花序等类型。花小型，瓶状或钟状，花色以红、橙、黄颜色为主。

▲雪天使

▲银星锦

石莲花属植物主要品种有石莲花（玉碟）、黑王子、黑王子锦、大合锦、吉娃莲、静夜、杨贵妃、锦晃星、雪莲、冬云、冬云缀化、红司、温金宝莲、相府莲、特玉莲、乙姬花笠、女王花笠、乙女梦、花舞笠、红边石莲、红稚儿、鲁氏石莲花、皮氏石莲花等。此外，还有大量的园艺变种、杂交种、斑锦变异品种、缀化变异品种，以及近年新引进的没有正式命名的品种，还有石莲花属跟其他属的远缘杂交品种，如银星、银星锦、紫葡萄等。

同时，石莲花属也是多肉植物中名称最为混乱的属之一，随意起名、一物多名、多物同名、张冠李戴的现象极为普遍，什么“慈禧”“诺玛”“张国荣”“狄波拉”“酥皮鸭”“蒂亚”“木樨甜心”“马库斯”“国王”等以前园艺书上所没有的名字都曾经出现在网上。

▲酥皮鸭

▲笨巴蒂丝缀化

石莲花属多肉植物中的大部分种类为冬型种和中间型种，喜阳光充足、凉爽干燥的环境，要求有一定昼夜温差，耐干旱，怕积水。夏季高温时期处于休眠或者半休眠状态，生长缓慢或完全停滞，应加强通风，节制浇水，浇水时间也要在日落之后的傍晚或晚上。

春、秋季节的生长期要求有较大的昼夜温差，充足的阳光，以使株型更加紧凑，叶面的白粉更加浓重，颜色也更为鲜艳。否则会因光照不足，昼夜温差小造成株型松散，该红的品种不能显现出红色，有毛的品种毛长得稀疏、色泽暗淡，叶片细长单薄，等等，这些都会影响其观赏性。生长季节，保持盆土湿润而不积水。无论什么时候都要避免雨淋，特别是长期被雨淋，否则会因植株吸水过多，叶片、根茎表皮组织被叶肉组织撑裂，造成细菌性感染而发生腐烂现象。

冬季应给予充足的阳光，倘若夜间最低温度在10℃左右，并有一定的昼夜温差，可适当浇水，酌情施肥，以促使植株继续生长；如果保持不了这么高的温度，就应控制浇水，维持盆土干燥，停止施肥，迫使植株休眠，也能耐0℃或更低的温度。

每1～2年翻盆一次，在春季或秋季进行。盆土要求疏松透气，具有良好的排水性和适当的颗粒度，需要注意的是石莲花属植物不属于肉质根的花卉，栽培土壤不要过于强调颗粒化，应选用0.1厘米左右的富含腐殖质的细质砂性土栽培更好，可用腐叶土3份、河沙3份、园土1份、炉渣1份混合配制，并掺入少量的骨粉等钙质材料，并过筛，筛去过细的上壤。为了美观，还可在盆面铺上一层石子或陶粒等颗粒性材料。

▲ 玉碟

繁殖可用分株、叶插、茎插、播种等方法。

玉碟（*Echeveria glauca*）　也称石莲花。植株具短茎，易从基部萌芽。肉质叶呈标准的莲座状排列，叶短匙形，稍直立，先端圆而有

▼ 玉碟锦

▲ 静夜

小尖，微向内弯曲，叶色浅绿或蓝绿，质稍薄，被有白粉或蜡质层。总状花序弯曲呈蝎尾状，小花淡红色，先端为黄色，夏秋季节开放。玉碟锦为其斑锦变异品种，叶面有黄白色斑纹。

静夜（*Echeveria derenbergii*） 小型种。植株易群生。肉质叶排成紧密的莲座状，叶色嫩绿，叶尖呈美丽的红色，在阳光充足、昼夜温差较大的尤为明显，而在光照不足，没有温差的环境中则会变得黯淡，甚至消失。近似的种有大型静夜、甘草船长等。

▲ 大型静夜

东云（*Echeveria agavoides*） 大型种。肉质叶呈莲座状排列，叶色深绿，有些品种还带有淡粉色，叶尖红色至黑紫色。本种的变种及园艺种极多，主要有罗密欧、天狼星、思锐、口红、魅惑之魈、相府莲、乌木等品种。其中的乌木也译作黑檀汁儿，是一种原生种植物，

▲ 东云

▲ 东云缀化

产于墨西哥，其重要特征就是碧底黑边，即叶色碧绿温润，叶尖、叶缘呈乌黑色，而且株型较大，堪称东云系列中的上品。后又有园艺工作者将其与其他品种的东云杂交，选育出了各种“东云杂（交）”。

有缀化品种东云缀化（也称琥），斑锦品种东云锦。

▲ 乌木

吉娃莲（*Echeveria chihuahuaensis*） 也称吉娃娃。植株无茎。卵形叶肥厚，先端急尖，叶色蓝绿或翠绿，被有白粉，叶尖几叶缘均为红色。红色小花，钟状。斑锦品种为吉娃娃锦。

▲ 吉娃娃锦

小蓝衣（*Echeveria setosa* var. *deminuta*） 肉质叶排成莲座状，叶蓝绿色，被有白粉，叶缘有白色刺毛。近似种有姬小光、青渚莲等。

▲ 小蓝衣

▲青渚莲

▲姬小光

姬莲（*Echeveria minima*） 小型种。肉质叶排成莲座状，叶片较短，蓝绿色，有白霜，叶缘和叶尖成红色。

▲姬莲

黑王子锦（*Echeveria blackprince* 'Variegata'）黑王子的斑锦变异品种。植株具短茎。肉质叶排列成标准的莲座状，叶片匙形，稍厚，顶端有小尖，叶色黑紫，有黄色不规则斑纹。

▲黑王子锦

雪 莲（*Echeveria laui*）植株无茎或具短茎。肉质叶圆匙形，呈莲座状排列，叶色褐绿，被有浓厚的白粉，因此看起来呈白色。近似种有芙蓉雪莲及杂交种雪天使。

▲ 雪莲

▲ 芙蓉雪莲

狂野男爵（*Echeveria gibbiflara* 'Baron Bold'） 肉质叶呈莲座状排列，叶片长圆形，有点波浪，叶面上有大面积凸起不规则疣凸，叶色灰绿至紫红。

▲ 狂野男爵

小红衣（*Echeveria globulosa*） 肉质叶莲座状排列，叶扁平，绿色，叶缘呈半透明状，在光照强烈的时候，有美丽的红尖和红边。其近似种很多，不少玩家将这些种都称为“小红衣”，为了区别其他“小红衣”，又将 *Echeveria globulosa* 称为正版小红衣或老版小红衣。

▼ 小红衣

▲ 小红衣

莲花掌属

莲花掌属（*Aeonium*）多肉植物植株呈灌木状，不分枝或分枝。肉质叶在茎顶端排列成莲座状。总状花序，花后抽花的莲座状叶盘会枯死，但花梗上会有不定芽长出。原始种约有40种，此外还有大量的园艺种。

莲花掌属为冬型种多肉植物，具有夏季高温季节休眠的习性。管理上夏季应注意通风良好，控制浇水。宜用疏松透气、排水良好的土壤栽培。繁殖可在生长季节进行，剪取肉质茎扦插，叶插则很难成功，也可用播种繁殖。

明镜（*Aeonium tabulaeforme*） 又名盘叶莲花掌。肉质叶组成莲座状叶盘。叶片无柄，匙形；叶色草绿至灰绿、深绿，叶缘有白色纤毛；叶片全部由中心水平向周围辐射生长，使整个叶盘平整如镜，没有一丝空隙；由于叶缘颜色稍深并有白色纤毛，同时外轮叶大，内轮叶小，故镜面般的叶盘就像一幅精美绝伦的几何图案，非常奇特。有缀化品种明镜冠。同属中的品种有假明镜，植株较高大，有分枝。肉质叶呈莲座状排列，生于茎的顶端。

▲ 明镜

▲ 假明镜

黑法师（*Aeonium arboreum* ‘Atropureum’） 又名紫叶莲花掌。植株呈灌木状，多分枝，老茎木质化。肉质叶稍薄，在枝头集成20厘米的菊花形莲座叶盘；叶色黑紫，冬季生长旺盛时则为绿紫色。因个体的差异，其品相也有不同，故有“圆叶黑

▲ 黑法师

法师”“墨法师”“紫羊绒”“绿法师”等之分。此外，还有黑法师锦、黑法师缀化等变异品种。

▲ 黑法师缀化

艳日辉（*Aeonium decorum* f. *variegata*） 也称夕映、清盛锦。植株丛生状，有分枝。倒卵形肉质叶在枝头组成莲座状叶盘，叶的中央淡绿色与杏黄色间杂，边缘有红色斑块。在温差较大日照较多的环境下，叶片颜色会从金黄转变为红色，色彩绚丽斑斓。

▲ 艳日辉

小人祭（*Aeonium sedifolius*） 也称日本小松、镜背妹。植株多分枝，呈灌木状。不大的肉质叶绿色，有褐色斑纹。变种有叶片肥而厚的丸叶小人祭。

▲ 小人祭

爱染锦（*Aeonium domesticum* 'Variegata'） 植株呈矮灌木状，多分枝。肉质叶绿色，有黄色斑纹。

▲ 爱染锦

山地玫瑰（*Aeonium aureum*） 也称高山玫瑰、山玫瑰，原为 *Greenovia* 属，现该属整体并入莲花掌属。肉质叶呈莲座状排列，株幅依品种的不同差异很大，小型种 *Aeonium aizoon* 只有 2～4 厘米，而大型种

▼ 不同品种的山地玫瑰

Aeonium diplocyclum 能长到30厘米或更大。叶色有灰绿、蓝绿或翠绿等颜色，暴晒后叶子有时会有红褐色斑纹，有些品种叶面上还稍具白粉和茸毛，叶缘有毛。花期暮春至初夏，总状花序，花朵黄色。花后随着种子的成熟，母株会逐渐枯萎，但其基部会有小芽长出。约有5个品种，常见的有山地玫瑰、黄金玫瑰、绿玫瑰花苞等品种。

▲ 生长期的山地玫瑰

▲ 即将休眠的山地玫瑰

山地玫瑰的英文名为"Mountain Rose"（直译为"山玫瑰"）。植株在夏季的休眠期叶片紧紧包裹在一起，酷似一朵即将绽放的"玫瑰花苞"；到了生长期则叶子展开，又像一朵盛开的荷花，而中央部分的叶子依旧层层叠叠，与"玫瑰花（实为切花月季）"很相似。其实，在景天科莲花掌属、石莲花属、景天属、瓦松属中的不少种类在休眠期其叶片闭合，包裹在一起，看上去都跟玫瑰花苞有些近似，但到了生长期就散开，形似莲花。像作绿化用的胭脂红景天就被一些人称为"小球玫瑰""龙血玫瑰"。

瓦松属

瓦松属（*Orostachys*）多肉植物的肉质叶排成莲座状，花后叶盘枯死，基部萌发蘖芽延续生命。本属约20种。作为花卉栽培的有小型种瓦松、子持莲花以及富士、凤凰等园艺种。

子持莲花（*Orostachys boehmeri*） 也称子持年华、白蔓莲。肉质叶聚生成莲座状，匍匐走茎呈放射状蔓生，沾土即生根，成为新的植株。叶倒卵形，先端尖，绿色。伞房花序顶生，花瓣白色。有斑锦变异品种子持莲花锦。

子持莲花为夏型种多肉植物，多用分株、扦插繁殖。

▲ 子持莲花

▲子持莲花锦

富士（*Orostachys iwarenge* f. *variegata* 'Fuji'）肉质叶呈莲座状排列，叶片椭圆形，顶端稍尖，叶面被有白粉，叶色蓝绿或灰绿，叶缘有黄白色斑纹。近似种凤凰，也称富士中斑，其株型与富士相似，叶色与富士相反，即叶缘为绿色，叶中心有黄白色斑纹。如果叶色全部呈绿色，则称为“绿凤凰”。

▶凤凰

▶富士

▲绿凤凰

富士为冬型种多肉植物，可砍头以促发侧芽，进行扦插繁殖。

青锁龙属

青锁龙属（*Crassula*）是景天科中的第二大属，有250～300个原始种，还有大量的杂交种，同时该属也是形态变化较大的一个属，其株型有塔形、莲座形、灌木状等多种形状，肉质叶对生或交互对生，叶色有绿、白、红、黄、斑纹等。其中那些原产南非的小型种及杂交种最深玩家青睐，但其栽培难度较高。

大多数青锁龙属多肉植物为冬型种，只有火祭、落日之雁等少数种类为春秋生长，夏天生长缓慢，但未发现没有明显休眠的中间型多肉植物。繁殖以扦插为主，也可播种。

▲ 青锁龙

青锁龙（*Crassula argentea*） 植株丛生，茎细，易分枝。鳞片状叶呈三角形，在茎和分枝上排列成非常紧密的四棱，以致使人误认为植株只有绿色的四棱柱茎枝而无叶。黄绿色小花着生于叶的腋部，不甚显著。近似种有若绿。还有青锁龙锦、青锁龙缀化等变异品种等。

▲ 青锁龙缀化

稚儿姿（*Crassula deceptrix*） 肉质叶交互对生，排列紧密，使植株呈钝角四棱柱形，叶肥厚，叶色灰白或灰绿，密布舌苔状小疣突。近似种有白稚儿、玉稚儿等，还有稚儿姿与神刀的杂交种纪之川；与小夜衣的杂交种龙宫城（也称象牙塔，斑锦有龙宫城锦）。

▲ 稚儿姿

▲ 纪之川

◀ 龙宫城锦

▲ 白稚儿

神刀（*Crassula falcata*） 肉质叶互生，镰刀状，灰绿色，有淡淡的白粉。变种有神刀锦以及达摩神刀等。

▶ 神刀锦

小夜衣（*Crassula tecta*） 肥厚的肉质叶对生，排列紧密，叶绿色，有舌苔状细微的颗粒。优选种有小雪衣，其叶呈灰白色。

▶ 小夜衣

▲ 小雪衣

漂流岛（*Crassula suzannae*） 也称苏姗乃。易群生。肉质叶绿色，光滑，叶缘有凸起的浅色小疣突。

▲ 漂流岛

梦殿（*Crassula cornuta*）植株有分枝。肉质叶交互对生，叶色灰白，长三角形，背面有圆滑的龙骨状凸起，先端尖锐。

▲ 梦殿

托尼（*Crassula alstoni*）肉质叶交互对生，叶色灰白，表面有类似绒布般的纹理，先端圆钝。

▲ 托尼

丽人（*Crassula columnaris*） 肉质叶环状对生，排列紧凑，使得植株呈钝角棱柱形，叶色墨绿，在阳光充足的环境中呈红褐色，叶面有暗点。伞状花序簇生，花朵黄色，花有芳香。近似种有神丽。

▶ 丽人

◀ 神丽

月光（*Crassula barbata*） 肉质叶绿色，交互对生，排成近似莲座状的株型，叶表光滑，叶缘有白色刺毛，其晶莹洁白，如同玻璃丝。开花时叶盘向上延伸，伸出花序，花后通常植株死亡，但老株旁边会萌发小芽。

◀ 月光

月晕（*Crassula tomentosa*） 绿色肉质叶对生，叶面有细小的茸毛，叶缘有较长的茸毛。花白粉色。

▲ 月晕

绿塔（*Crassula pyramidalis*） 肉质叶排列紧密，使植株呈塔形，有分枝。近似种有达摩绿塔、大型绿塔等。

▲ 绿塔

▲ 达摩绿塔

方塔（*Crassula kimnachii*） 白绿色肉质叶排列紧密，形成塔形，叶面粗糙，有颗粒感。花白色，簇生。其整体感觉比绿塔更为粗犷豪放。

▲ 方塔

寿无限（*Crassula marchandii*） 绿色叶紧密排列交互对生，叶面光滑，在弱光下叶色嫩绿色，而在昼夜温差大或强光照叶片会呈现绿褐色至咖啡色。花乳白色，五角形的花瓣，花朵簇生。近似种有绒塔。

▲ 寿无限

玉椿（*Crassula barklyi*）植株易群生。肉质叶层层叠叠，排列紧密，犹如精致的小塔，颜色灰绿，有细小的暗点。花簇生，白色，有芳香。

花椿（*Crassula emerald*）别名玉梓，植株非常容易群生。肉质叶翠绿色，有白色细茸毛，花白色。

◀ 花椿

巴（*Crassula hemisphaerica*） 植株具短茎，肉质叶半圆形，交互对生，上下叠接呈十字形排列，叶色灰绿至绿色，叶表密生细小的白色疣突。聚伞花序，小花白色。斑锦品种为巴锦。

◀ 巴锦

▼ 玉椿

钱串景天

钱串景天（*Crassula perforata*） 也称串钱景天、星乙女。植株丛生，具分枝。肉质叶灰绿至浅绿色，叶缘稍具红色，叶片卵圆状三角形，无叶柄，其基部连在一齐。近似种有舞乙女、半球星乙女以及小米星、彩色蜡笔、十字星等。

火星兔子（*Crassula ausensis* ssp. *titanopsis*）植株群生。肉质叶呈莲座状排列，叶色灰绿，如果光照强烈则为绿褐色或红褐色，叶表有凸起的白色疣突，叶尖为红褐色，冷凉季节在阳光充足的环境中尤其明显。小花白色，花瓣稍向下卷。

火星兔子

筒叶花月（*Crassula obliqua* ‘Gollum’） 也叫马蹄角、马蹄红。植株呈灌木状，多分枝。叶密集簇生于枝顶，肉质叶圆筒形，顶端截形或椭圆形，倾斜，叶色碧绿有光泽，顶端的截面在冷凉季节呈红色。斑锦品种为筒叶花月锦。

▲ 筒叶花月锦

天锦章属

天锦章属（*Adromischus*）多肉植物约有50个原始种，还有大量的园艺种。植株矮小，呈草本或灌木状，茎上长有气生根。叶的肉质化程度较高，叶面时有斑纹。其中的水泡类最受玩家的喜爱，有不少人收集栽培。

御所锦（*Adromischus maculates*）又名褐斑天锦章。植株矮小，具褐色短茎。肉质叶互生，圆形或倒卵形，较为平扁，叶缘角质，叶绿色有红褐色或暗紫色斑点。花钟形，花瓣上白下紫。

▲御所锦

水泡 也称玛丽安，为天锦章属几种多肉植物的总称。植株丛生。具肥厚的肉质叶，叶的长短、形状、颜色因品种不同有很大的差异，有的叶面光滑，有的粗糙，还有的布满小疣突，叶色有绿、红褐等颜色，有的还有美丽的斑纹。穗状花序，小花筒状，绿色，瓣尖红色。主要有翠绿石、朱唇石、梅花鹿水泡、大疣朱紫玉、蛋糕水泡等品种。此外，还有松虫、松虫锦等品种。

▲朱紫玉

◀翠绿石

◀梅花鹿水泡

冬型种多肉植物，可用叶插或茎插、播种的方法繁殖。

奇峰锦属

奇峰锦属（*Tylecodon*）不少种类都有粗大的块根或块茎。肉质叶较大或细棒状，螺旋排列。原产南非，夏季有明显的休眠期。

本属均为冬型种多肉植物，可播种或扦插繁殖。

阿房宫（*Tylecodon paniculatus*） 具粗大的肉质茎，其基部膨大，有分枝，具形状不一的膨大的节状物，具易剥落的木栓质表皮。肉质叶多数，簇生于分枝顶端，绿色至黄绿色，休眠期叶子脱落。

▲ 阿房宫

白象（*Tylecodon pearsonii*） 株高 30 ~ 60 厘米，具肥大的肉质茎。叶棍棒状，先端渐尖或钝。总状花序，小花淡黄色至黄绿色。

▲ 白象

万物相（*Tylecodon reticulatus*） 具肥硕的肉质茎。叶细棒状，螺旋状排列。

大叶奇峰锦（*Tylecodon singularis*） 肉质茎能长到 4 厘米或更大，叶片很大很圆。花绿色，筒状。

▲ 大叶奇峰锦

▼ 万物相

其他属代表种类

本部分包括了银波锦属、伽蓝菜属、风车草属、长生草属、厚叶草属、魔南景天属等前面没有介绍的多肉植物。

银波锦（*Cotyledon undulata*） 也称银冠，为银波锦属植物。植株呈灌木状，有分枝。叶对生，倒卵形，边缘波浪状，叶面被有浓厚的白粉。聚伞状圆锥花序，小花管状下垂，橙黄色，先端红色。变种有旭波之光（斑锦变异）、银波锦缀化等。

冬型种多肉植物，扦插繁殖。

▲ 银波锦缀化

熊童子（*Cotyledon tomentosa*） 银波锦属植物。植株多分枝，呈小灌木状，茎深褐色。肥厚的肉质叶交互对生，叶片卵形，顶部叶缘有缺刻，叶表绿色，密生白色短毛，酷似小熊的脚掌。斑锦种熊童子锦有黄熊和白熊之分。

冬型种多肉植物，可扦插繁殖。

▲ 旭波之光

▼ 白熊

▲ 熊童子

长生草（*Sempervivum tecrum*） 也称观音莲、观音座莲、佛座莲、平和，为长生草属植物。植株具莲座状叶盘，其品种很多，叶盘直径 3 ~ 15 厘米。肉质叶匙形，顶端尖，叶色依品种的不同，有灰绿、深绿、黄绿、红褐等色，叶顶端的尖呈绿色、红色或紫色，叶缘具细密的锯齿。小花星状，粉红色。有缀化、斑锦等变异品种。

长生草属为冬型种多肉植物，可扦插或分株、播种繁殖。

▲ 长生草缀化

蛛网长生草（*Sempervivum arachnoideum*） 也称卷娟，为长生草属植物。植株群生，呈垫状生长，莲座状叶盘很小。倒卵形肉质叶排列紧密，绿色中带红色，叶尖有白毛，在植株顶部联结，

▲ 蛛网长生草

▼ 长生草

犹如蜘蛛网。花粉红色。有缀化等变异品种。

习性与长生草相同。

▲ 蛛网长生草缀化

▲ 蛛网长生草的花

紫牡丹（*Sempervivum ciliosum*）为长生草属植物。肉质叶排成莲座状，叶片蜡质，有细小的茸毛，在阳光充足的环境中呈紫红色。有缀化变异品种紫牡丹冠。

习性与长生草相同。

▲ 紫牡丹

▲ 紫牡丹缀化

桃美人（*Pachyphytun* cv.MOMOBIJIN） 厚叶草属植物，园艺种。具直立的短茎。肉质叶互生，排列呈延长的莲座状，呈倒卵形；较为厚实，先端平滑钝圆；叶色在阳光充足且温差大的环境下易变成粉红色，犹如桃子一般可爱肥厚。花钟形，红色。斑锦品种有桃美人锦。近似种有风车草属的桃之卵（*Graptopetalum amethystinum*）（也称醉美人，俗称“桃蛋”）。

厚叶草属约有20多个原始种，还有一些园艺种，时下国内的流行品种均从日本引进，主要有星美人、厚叶莲、冬美人、三日月美人、千代田之松等。

原产墨西哥，喜温暖干燥、阳光充足的环境，不耐寒，怕湿热。

▼ 桃美人锦

▲ 桃之卵

▶ 三日月美人

月兔耳（*Kalanchoe tomentosa*） 也称褐斑伽蓝，为伽蓝菜属多肉植物。茎直立，植株多分枝。肉质叶生于分枝的顶端，长椭圆形，顶端尖，叶表布满了白色茸毛，上部的缺刻处有深褐色或棕色斑。同属中变种及近似种有黑兔耳、黄金月兔耳、月兔耳锦、梅兔耳、毛兔耳、千兔耳、闪兔耳、福兔耳、星兔耳等。

中间型多肉植物，可扦插繁殖。

唐印（*Kalanchoe thyrsifolia*） 为伽蓝菜属植物。茎粗壮，多分枝。叶对生，排列紧密，叶片倒卵形，全缘，先端钝圆；叶色淡绿或黄绿，被有浓厚的白粉，因此看上去呈灰绿色，秋末至初春的冷凉季节，在阳光充足的条件下，叶缘呈红色，甚至整个叶片都成红色。小花筒形，黄色。唐印锦为其斑锦品种。

▲ 唐印锦

美丽莲（*Graptopetalum bellum*） 为风车草属多肉植物。肉质叶呈莲座状排列，灰绿至灰褐色，卵形，顶端有小尖。花星状，5 瓣，深

▼ 月兔耳

▲ 美丽莲

粉红色。本属常见的栽培品种还有胧月、姬胧月等。

中间型多肉植物，可扦插或播种繁殖。

白菊（*Dudleya greenei*）仙女杯属植物。具粗壮的矮茎，有分枝，易丛生。肉质叶生于茎的顶端，呈密集的莲座型排列，叶片三角锥形，顶端尖，被有白粉。

▲ 白菊

冬型种多肉植物，可扦插或播种繁殖。

魔南景天（*Monanthes polyphylla*） 也称球魔南、多叶魔南，魔南景天属多肉植物。植株易丛生。莲座状叶盘呈球状，翠绿色。同属植物中见于栽培的还有壁生魔南、瑞典魔南等。

冬型种多肉植物，夏季具有深度休眠。可分株或扦插繁殖。

▲ 魔南景天

芦荟科

芦荟科（Aloaceae）多肉植物包括原来属于百合科的芦荟属、沙鱼掌属（脂麻掌属）、瓦苇属（即十二卷属）、松塔掌属、青瓷塔属等。1998 年根据基因亲缘关系分类的 APG 分类法将百合科内大部分属独立出来，把芦荟属等多肉植物归并在独尾草科内（在一些地区也被称为日光兰科），国内称之为芦荟科，但国内一些爱好者仍沿用旧习惯将其称为“百合科”。

芦荟属

芦荟属（*Aloe*）多肉植物约有 300 个原始种，还有一些栽培变种和园艺种。不同种类形态差异很大，有的种类植株无茎，叶片呈莲座状排列；有些种类则主茎高耸，达 10 米之高。它们都具有肥厚多汁的剑形或长三角形叶片，叶色有绿、蓝绿、灰绿等，多数品种叶面上有斑点或斑纹，叶缘或叶面上有刺或肉齿。幼苗时叶片两侧互生，成株后多为轮状互生。总状花序，小花筒形，红色、橙色或黄色，罕有白色，花期冬春季节。

芦荟喜温暖干燥和阳光充足的环境，耐干旱和半阴，怕水涝。盆土要求疏松肥沃，并有良好排水透气性。平时要给予充足的阳光，春、秋季节的生长期保持土壤湿润而不积水。每 20 天左右施一次腐熟的稀薄液肥或复合肥，肥液以磷钾肥为主，氮肥为辅。夏季高温时植株生长相对缓慢，可不施肥，并注意通风良好，以免因闷热、潮湿而引发黑斑病。冬季放在阳光较为充足的室内，最低温度若不低于 10℃并有一定的昼夜温差，可正常浇水，并适当施肥，使植株继续生长；如果保持不了这么高的温度，应控制浇水，促使植株休眠，也能耐 0℃的低温，甚至更低的温度。花后如果不留果荚，应及时拔去残花梗，以免消耗过多的养分，影响生长。

可播种或分株繁殖。

除观赏外，库拉索芦荟、皂质芦荟、中华芦荟、木立芦荟等种类还有食用、药用价值，具有清热消炎、美容等功效，可外用治疗烧烫伤、灼伤、脚气等病症。

作为观赏种的芦荟是那些株型不大的中小型品种。主要有不夜城、翠花掌、第可芦荟、索马里芦荟、雪花芦荟、海虎兰、草芦荟、姬琉璃孔雀、螺旋芦荟、雪女王芦荟、黑魔殿，以及圣诞芦荟、超级芦荟、蝰蛇等来自美国的园艺种。

黑魔殿（*Aloe erinacea*）肉质叶呈莲座状排列，灰绿色，三角形，两面凸起，向内弯曲，整株呈球形，叶边缘和背部都生有白色或褐色硬刺。夏季开花，红色或白色，花会分泌蜜汁，吸引蜂鸟、昆虫授粉。难以出侧芽，多用播种的方法繁殖。

▲ 黑魔殿

翠花掌（*Aloe variegata*）又名千代田锦、什锦芦荟、斑纹芦荟。具短茎。肉质叶自根际长出，呈三出覆瓦形排列，旋叠状生长，叶片三角剑形，肥厚多肉，表面下凹呈“V”形，叶缘密生白色肉质刺，叶色深绿，有横向排列的不规则银白色或灰白色斑纹。千代田之光为其斑锦变异品种，叶片上有纵向的黄色斑纹。

▼ 翠花掌

▲ 千代田之光

雪女王芦荟（*Aloe albiflora*） 也称白花芦荟。肉质叶细长，呈剑形，直立或放射状生长，叶暗绿色，有细小的颗粒，使得手感较为粗糙。花白色，春末夏初开放。

▼ 雪女王芦荟

▲螺旋芦荟

螺旋芦荟（*Aloe polyphylla*） 也称多叶芦荟、女王芦荟。肉质叶绿色，呈莲座状排列，成年植株的俯视图呈螺旋状，酷似精美的几何图案。

美国芦荟 也称超级芦荟，是圣诞芦荟、超级芦荟、蝰蛇、绿沙滩等品种的统称，均为园艺种。其特点是叶面、叶背和叶缘均有宽大的齿状凸起，有些品种的齿状凸起呈红色或橙红色，粗犷鲜艳，别有一番特色。

▲美国芦荟“圣诞”

龙山芦荟（*Aloe berebihoria*） 茎不明显。肉质叶三角形，呈莲座状排列，叶色灰绿，叶缘有刺齿。龙山芦荟锦为其斑锦变异品种。

▲龙山芦荟锦

瓦苇属

瓦苇属（*Haworthia*）即十二卷属，是最富魅力的多肉植物中之一，有不少玩家专门收集该属的种类。原产于南非和马达加斯加，植株单生或丛生。肉质叶多排列成莲座状，少量两列叠生或呈螺旋形排列，形成圆筒状植株。全属约有 150 个原始种。经种间杂交，产生了大量的栽培变种和园艺种，而且每年都有新的杂交种涌现。其大致可分为软叶亚属、小型硬叶亚属和大型硬叶亚属等 3 个亚属。

瓦苇喜凉爽、湿润和充足而柔和的阳光，耐干旱，怕积水和烈日暴晒，也不耐寒冷，要求有较大的昼夜温差。其主要生长期在春、秋季节，如果冬天有完善的保温设施，也能正常生长。

生长期应给予充足而柔和的光照，避免强烈的直射阳光，但若光照不足，叶子容易徒长，株型松散，影响植株的品相和价值。平时保持盆土湿润，防止积水，但也不可过于干旱，否则植株虽然不会死亡，但生长缓慢或完全停止，叶片干瘪，无生机。北方地区水中含有钙镁离子，使得水质较硬，它们可以跟土壤中的磷酸盐或植物根系分泌的一些有机酸结合，形成不溶于水的沉淀；当钙镁离子通过毛细作用虹吸到土表或植物侧表皮上后，则与空气中的 CO_2 形成碳酸盐沉淀，附着在根部、叶面上，犹如给植株穿了一层“外衣”，影响植物对水分、养分的吸收，往往造成烂根，使得植株生长停滞，叶子顶端的窗变小，严重时甚至造成植株腐烂死亡。为了解决这个问题，天津网名为“岩鸣”的玩家经过多次试验，用盐酸将水的 pH 值调到 5 左右，进行浇水和喷水，在植物能够忍受的范围内用酸水将附着在根部、叶面上的有害物质冲洗掉，收到了很好的效果。瓦苇，尤其是软叶瓦苇喜欢空气湿润的环境，家庭可将花盆放在透明的玻璃鱼缸养护，也可将透明的饮料瓶清洗干净，将下部剪去，罩在植株上，这些措施都是为了增加空气湿度。

生长期每月施一次腐熟的稀薄液肥或复合肥，施肥时尽量不要将肥液溅到叶片上。夏季高温时植株生长缓慢或完全停滞，可放在通风凉爽处养护，适当遮光，避免烈日暴晒；否则强烈的直射阳光会灼伤叶片。夏季应停止施肥，控制浇水，更不能长期雨淋，以免烂根。同时，将罩在植株上的饮料瓶去掉，以加强空气的流通，防止因闷热潮湿而引起的植株腐烂，等秋凉后再恢复正常管理。冬季应放在室内阳光充足处，如果最低温度能保持 10℃左右，并有一定的昼夜温差，可正常浇水，并酌情施些薄肥，使植株继续生长；若温度太低，应控制浇水，以促使植株休眠，这样也能耐 0℃甚至更低的温度。

根据生长情况，1 ~ 2 年在春季或秋季换土一次。盆土要求疏松肥沃、排水透气性良好和具有较粗的颗粒度。目前，国内多采用赤玉土或其他颗粒土加草炭土的材料种植，换盆时剪掉中空、腐烂的根系，保留健壮的白色粗根。

瓦苇可用分株、播种等方法。对于软叶亚

属的万象、玉扇、玉露、寿；硬叶亚属的琉璃殿、冬之星座等种类还可用叶插繁殖；玉扇、万象等种类具有粗壮的根，可用根插的方法繁殖。

软叶亚属

软叶亚属瓦苇“Subgenus Haworthia”，约占整个瓦苇属的2/3，其特点是大部分种类肉质叶多汁透明，叶缘常有美丽的毫毛，叶的上部常成透明状，呈明显的“窗”状结构。带“窗”状种类的植物（如寿、万象、玉露），叶组织非常肉质化，中间布满贮水组织，有利于阳光通过“窗”结构照射到植物体内。在原产地其整个植物伏缩在土里，拟态成石头状。其花梗也较为柔软，每单个小花的花柄（花托）向外倾斜，花冠上部分开，下部聚合，花的雌蕊柱头较大。热门的种类有玉露、万象、玉扇、白银寿、青蟹寿、康平寿、贝叶寿等。

小贴士

瓦苇的引种与选购

玩瓦苇，不仅要看品种，更要看品相，看品质，比较热门的万象、玉露、玉扇以及各种寿更是如此。因为品种只是个名称，只是个代号，只要品质好，无论起什么样的名字都会被玩家认可。当然，那些名品因其“明星”效应，有着较高的知名度，更容易被认同，像万象中的大紫万象、雪国、欧若拉、白妙、白瓷、天照等；玉露中的冰灯、霓虹灯、OB玉露等。总之，只要品种正、品质优、来源可靠有保证的苗子，即便叶子上有些伤痕、根系不好，甚至没有根，都不是事儿。只要养护得当，就会恢复应有的品相和状态。

瓦苇，尤其是软叶瓦苇，园艺品种极为丰富，同一种植物不同品种之间价格悬殊，但其小苗的差别并不是很大，初入门或经验不足的爱好者很难区别。以万象、玉露为例，普通品种只需几十元，而精品则需数千元，上万元，像玉露中的姬玉露价格在

霓虹灯玉露锦

20元左右，而冰灯玉露、OB玉露的一个苗就需要百元以上，一片霓虹灯玉露的叶子甚至拍到500元左右。于是，就有一些利欲熏心者将姬玉露或者其他玉露的苗子经日晒，使其发紫，拍照时打蓝色光，使之呈幽幽的蓝紫色，冒充名品玉露在网上出售。此外，还有一些商贩胡乱起名字，把普通的植物随便编个洋名字或者其他好听的名字，把一些品相差的植株称为“原始种”，把稍微有点与众不同的植株称为“特选XX”，像特选万象、特选白银寿、特选玉露，用这些手段欺骗没有经验的初学者。

那么，怎么才能选购到好的瓦苇呢？

首先，要尽量了解不同品种瓦苇的特征和主要看点。对于大多数瓦苇来讲，株型紧凑、低矮敦厚，软叶类的叶“窗”大而透；硬叶类的疣点大而凸起，其色要白，有瓷质感或晶莹剔透。其次，是选择信誉好的商家。最好能从一些资深爱好者手中直接购买，因为不少商家对此类花卉了解得不是太多，所进的货，尤其是幼苗，品种也不一定纯正。再次，在购买幼苗时，尽量能看到母本，最好是从母株上现切割下来；如果是在网上购买，也要有母本的照片或苗子与母本的合影照片。

玉露（*Haworthia cooperi*）肉质叶排列成莲座状，叶色碧绿，顶端有透明或半透明状的“窗”，表面有深色纵线条，有些品种顶端有细小的“须”。松散的总状花序，小花白色，有绿色纵条纹。

▶冰灯玉露

▶刺玉露

玉露的变种及园艺种、杂交种很多，而且还经常有新品种面世。常见的有姬玉露、毛玉露、白斑玉露、紫玉露、帝玉露、蝉翼玉露、玉露锦，以及冰灯玉露、OB-1玉露、琥珀玉露、帝都、白帝城、霓虹灯、大紫玉露、糯玉露等。其中，不少是玩家通过杂交选育出来的品种，像狼蛛、赤狐、超级玉露等。此外，还有玉露与本亚属的万象、寿、宝草等的杂交种。

▲毛玉露

▲ 帝玉露

▶ 杂交玉露

▶ 玉露锦

玉露是目前名称较为混乱的多肉植物之一，其幼苗区别不是很大，引种时最好能看到母本或母本的照片；引进成株时不仅要看名称，更要看品相，以“株型紧凑，叶面光滑润泽，窗大而透明，叶窗顶面无毛”者为佳，最好能泛出幽幽的蓝紫色光泽。

万象（*Haworthia maughanii*） 又名毛汉十二卷。植株无茎，有粗壮的肉质根。肉质叶排列成松散的莲座状；叶从基部斜出，半圆筒形，顶端截形，截面多为圆形，也有近似三角形或其他不规则形状；叶上有呈透明或半透明的“窗”结构，“窗”上有花纹；叶面粗糙，有细小的疣突。

万象的园艺品种很多，其主要区别在于“窗”，包括窗的大小和纹路。以“窗”

▲ 花菱万象

▲ 大宝万象

▲ 无纹万象

▲ 欧若拉万象锦

大而圆为佳，没有花纹的品种要求“窗”的透明度高、纯净，犹如一汪泉水，或者有种糯糯的质感；有花纹的品种以花纹显著而清晰、连贯而不间断，密集而排列规整为佳，花纹以白色为主，偶尔有白色中夹杂着绿色、紫色花纹的品种，较为稀有。此外，植株的高矮也是品评万象的一个重要指标，以株型紧凑、低矮敦厚者为佳。我国的园艺种万象多由日本引进，著名品种有稻妻、春雷、幻日、万象大紫、紫万象、无限、曙光女神、蜃气楼、白妙、天照、羽衣、夕鹤、雪国、凤凰、花菱、大宝、欧若拉、多浪哥等，其中不少品种因有着不同的类型，而成为系列品种，如稻妻系列、雪国系列等。以培育者姓名命名的川东万象、石方万象、掘川万象等名称也在国内爱好者中经常使用。由于翻译的差异，还存在着同物异名的现象，像稻妻万象还被称为雷电万象，其原因是“稻妻”采用的是日文音译，而“雷电”采用的是意译。还有一些是国内多肉植物爱好者自己培育的品种。需要指出的是，同一个品种的万象，甚至同一株万象，由于栽培环境或季节的差异，也会表现出不同的色彩，像紫万象、万象大紫在生长季节或栽培环境光照不足的时候，“窗”面上的纹路往往呈绿色，到了休眠季节则呈漂亮的紫色。

玉扇（*Haworthia truncata*） 也称截形十二卷。植株无茎，肉质根粗壮。肉质叶两列对生，呈扇形排列；叶片肥厚，直立，有时上部稍向内弯曲，表面粗糙，有小疣状突起；绿色，经阳光暴晒后呈褐绿色，叶面顶端截形；具有透

▲ 超级绿岛玉扇

鬼岩城玉扇

虞姬玉扇

橙色玉扇锦

荒矶玉扇红锦

明或半透明的“窗”结构，新叶的“窗”透明度较高，往往呈灰白色，光线由“窗”进入植株体内进行光合作用。

玉扇的园艺种、杂交种很多。其肉质叶截面形状除常见的椭圆形外，还有“M”形、“U”形等多种形状，而且其长短、宽窄，厚薄及截面的凹凸、透明度差异很大；顶部的“窗”或清澈如冰，或有洁白如银的花纹，也有少量的品种白色的花纹中夹杂着绿色、紫红色的花纹。因品种的不同，玉扇价格相差悬殊，便宜的只有几十元，贵的达数千元，甚至万元以上，一般以植株低矮，叶片肥厚、宽，排列整齐紧凑，“窗”透明度高，花纹清晰、排列有序者为上品。其品种约有数百个，主要有写乐、荒矶、歌磨、大三元、鬼岩城、青龙、烈焰、白龙、绿岛等。此外，还有玉扇与寿的杂交种——静鼓及斑锦变种静鼓锦，玉扇与万象的杂交种玉万以及斑锦品种玉万锦等。

玉扇锦，为玉扇的斑锦变异品种，叶面上有黄色或粉红色、白色斑纹，其斑纹的形状因植株而异，或呈丝状，或呈块状，极富变化。

贝叶寿（*Haworthia bayeri*） 俗称“克里克特寿”“网纹寿” “美纹寿” 。植株无茎。肉质叶呈莲座状排列，叶片肥厚，形似贝壳，叶面粗糙，有很小的颗粒状突起，叶色深灰绿，稍透明，有灰白色网纹状线条。

▲ 美纹克里克特寿

▲ 木叶克里克特寿

▲ 克里克特寿锦

贝叶寿的学名*Haworthia bayeri* 是 1997 年由南非栽培者 J. D. Venter 和美国栽培者 S. A. Hammer 命名的。以前在很长一段时间内都采用的是“克里克特（*H. correcta*）”的名字，至今日本仍采用此名，国内的爱好者也多用此名。但此名不够科学，在国际上仅有包括日本在内的少数人使用。因此，有人根据其叶形像贝壳，拉丁文发音为“贝耶”的特点，命名为贝叶寿。一般来讲，其原始种 *H. bayeri* 表面具有粗糙的质感，生长较为缓慢，成年植株叶面上有成角状的直线纹路；被称为 *H. correcta* 的表面光滑，多为园艺杂交品种，生长较快，窗面上的纹路多交叉。国内栽培的多为“*H. correcta*（即克里克特寿）”，园艺种很多，叶子的宽窄，表面的“窗”的透明度以及脉纹的分布、密度都有很大差别。常见的有木叶克里克特寿、美纹克里克特寿、大黑天、磨面克里克特寿、线路板等。此外，还有斑锦变异品种克里克特寿锦，其叶片上有白色至黄色、橙黄色斑纹。

西山寿（*Haworthia mutica* var. *nigra*） 植株无茎，株型紧凑。肉质叶肥厚圆润，呈莲座状排列，叶色清澈透明，有深绿色纹路。

▲ 西山寿

康平寿（*Haworthia emelyae* var. *comptoniana*）植株无茎。肉质叶排成莲座状，肥厚饱满，上半部呈水平三角形，叶色浓绿；顶面光滑，呈透明或半透明状，有白色网络状脉纹和细小的白点。

康平寿的杂交种、优选种很多，以叶片肥厚，短而宽，“窗”面清澈，透明度高，网状脉纹清晰者为上品。目前，国内爱好者多沿用

▲ 网纹康平寿

日本的名称，如网纹康平寿、浓白网纹康平寿、红叶康平寿、冷泉康平寿、艳肌康平寿等。另有康平寿锦，为康平寿的斑锦变异品种，其叶面上有黄色斑纹。正康平寿（*H. correcta*），肉质叶半圆柱形，顶端的“窗”面截形，光亮平坦，呈半透明状，灰白色至淡绿色脉纹呈不规则曲折。

▲ 康平寿

▲ 大久康平寿锦

白银寿（*Haworthia emelyae* var. *emelyae*）植株无茎。肉质叶排成莲座状，叶面绿白色，夹杂着红褐色或黑色的纹路，有些品种还带有绿晕、黄晕。其品种丰富，有黄乳白银寿、大久保白银

▲ 白银寿

▲ 白银寿锦

寿、艳肌白银寿、黑白银寿、银河白银寿、潘多拉白银寿、光源氏白银寿、翡翠白银寿等。此外，还有斑锦变异品种白银寿锦，其叶面上有黄色斑纹。

青蟹寿（*Haworthia magnifica* var. *splendens*） 植株无茎。肉质叶呈莲座状排列，叶片三角形，圆润肥厚，叶面暗绿色或红褐色，有纵向的白色线条或斑点、透明的凸起，叶缘红色并具齿。园艺品种很多，有丸叶青蟹寿、赤肌青蟹寿、花葵寿等。此外，还有斑锦品种——青蟹寿锦。

▲ 青蟹寿

▲ 花葵寿

▲ 青蟹寿锦

史扑寿（*Haworthia springbokvlakensis*） 也称史扑鹰爪，是一种以生长缓慢著称的寿。植株不大。肉质叶排成莲座状，叶尖圆钝，叶面清澈透明，有深色脉纹。

▲ 史扑寿

毛牡丹（*Haworthia arachnoidea* var. *gigas*） 俗称“钢丝球”。肉质叶较硬，没有透明的“窗”，暗绿色，在阳光充足的时候略带紫头，稍直立生长，叶缘及叶背密生长毛，毛质较硬，其叶尖部分容易枯萎。夏季休眠时植株往往缩成球形，以保护中心的生长点。本属中这种叶质较硬、叶缘有硬毛的还有赛米维亚、曲水之宴、水牡丹（在此类植物中，有好几种都叫水牡丹）等种类。

◀ 毛牡丹

▲ 赛米维亚

洋葱头瓦苇（*Haworthia lockwoodii*） 也称洋葱卷、洋葱皮、洋葱十二卷。肉质叶呈莲座状排列，叶质薄，绿色。在夏季的休眠期，植株外围的叶子和叶尖端都会干枯，并缩成一团，就像洋葱一样，紧紧地包裹住中央的叶子和生长点，保护其免受强烈阳光的照射。到了秋凉后，植株张开，新叶开始生长。

▲ 洋葱头瓦苇

洋葱头瓦苇还有个近似种“包菜”，也称卷心瓦苇，也有在休眠或环境不适合的时候，外部叶子干枯而紧紧地向叶子中央聚合，包裹住新叶子的习性。

宝草（*Haworthia cymbiformis*） 也称水晶掌。肉质叶呈莲座状排列，绿色，质肥厚，顶端呈半透明状，有褐色叶脉。品种有水晶殿（草玉露）、达摩宝草以及斑锦品种宝草锦等，近似种有京之华、京之华锦等。其中的宝草锦、京之华锦常与玉露

▲ 达摩宝草

▲ 宝草锦

杂交，以培育斑锦品种，不少品种的玉露锦都有宝草锦或京之华锦的“血统”。

群鲛（*Haworthia parksiana*） 小型种，易群生。肉质叶三角形，呈莲座状排列，叶色墨绿，有细小的疣突。

本亚属有着众多的杂交种、园艺种，像月影、三仙寿、银龟寿、阿寒湖、月光寿都是深受玩家青睐的品种。

▲ 群鲛

▲ 群鲛锦

▲ 银龟寿

▲ 大久保寿锦

▼ 三仙寿锦

▲霜降

小型硬叶亚属

小型硬叶亚属瓦苇“Subgenus Hexangularis”中的“Hexangularis”意为“六角形花的”，其肉质叶较为坚硬，叶面有疣突，除了龙鳞、硬叶寿等少量种类外，一般没有“窗”的结构。与软叶系瓦苇相比，其花枝较为坚硬，花瓣质厚，花朵呈六角形。其原生种有18个，但有着大量的园艺种和杂交种。

条纹瓦苇（*Haworthia fasciata*） 也称条纹十二卷，是该属最具代表性的种类。其三角剑形肉质叶放射状生长，叶面上有横行排列的白色疣突。园艺优选种十二之缟，其株形较条纹十二卷大，白色疣突也更白、更大；十二缟的优选种“霜降”，其叶面上的疣点多而浓密。此外，还有斑锦变异品种。

龙鳞（*Haworthia tessellata*） 也称蛇皮掌。植株无茎。肉质叶呈螺旋状放射生长，排成莲座状；叶质肥厚而坚硬，卵圆状三角形，顶端渐尖；叶色暗绿，叶背稍呈红褐色，并有不规则排列的白色小疣突；叶缘向内卷，具白色小齿；叶面平展，无毛，呈透明或半透明状；叶

◀龙鳞锦

◀雷鳞

◀立叶龙鳞

脉由数条白绿色纵线及短横线组成，将叶面分割成蛇皮样网格状斑纹。除龙鳞外，还有雷鳞、鳄龙鳞、沙丘城、立叶龙鳞等品种。

龙城（*Haworthia viscosa*）也称三角龙城、铁三角。植株易从基部长侧芽，形成很大的群生植株。肉质叶呈三角状轮生或螺旋状生长。三角形叶，先端有尖，向下弯曲，正面凹，背面凸起；叶质硬；绿色至墨绿色；表面粗糙，有细小的疣突。其斑锦变异品种为龙城锦，叶面上具黄色斑纹。此外，因生长环境的差异，龙城还形成了不同的类型，其株型、叶形近似，主要区别在于叶片排列的紧凑程度以及叶片的薄厚、颜色浅淡、叶表粗糙度的差异。

▲ 龙城

▲ 龙城锦

琉璃殿（*Haworthia limifolia*） 肉质叶排成莲座状叶盘，叶有部分叠生，全部向一侧偏转，使叶盘看起来像旋转的风车；叶卵圆状三角形，先端急尖；叶色深绿或灰绿；密布由同样颜色小疣组成的瓦楞状凸起横条，酷似一排排的琉璃瓦。园艺种有塔形琉璃殿、白肌琉璃殿、白纹琉璃殿以及斑锦品种琉璃殿锦，杂交种雄姿城等。

▲ 白纹琉璃殿

▲ 琉璃殿锦

▲ 塔形琉璃殿

▲ 青瞳

碧琉璃塔（*Haworthia pungens*） 植株呈塔形，易群生。叶三角形，先端尖，叶色翠绿，表面光滑。

尼古拉（*Haworthia nigra*）小型种。生长缓慢，植株呈塔形。肉质叶三角形，墨绿色，甚至接近黑色，在紫外线强烈的环境中会变成橙红色或红褐色；其叶表粗糙，有着类似浮雕般的凸起。

▲ 尼古拉

青瞳（*Haworthia glauca*） 株高20厘米，青绿色肉质叶螺旋形向上排列，使植株呈圆筒状。叶细长三角形，先端尖细，稍向内弯曲，叶色蓝绿或灰绿，背面有锐利的龙骨突。近似种有青龙等。

▲ 青龙

▲ 碧琉璃塔

风车（*Haworthia scabra*）肉质叶呈莲座状排列，并扭曲呈风车状，叶色翠绿，根据品种的不同，叶表或光滑，或粗糙，叶子的长短也有区别。除风车外，还有钝叶风车、长叶风车、疣叶风车（大疣风车）等品种。

▲ 钝叶风车

▲ 疣叶风车

▲ 风车

鹰爪（*Haworthia reinwardtii*） 小型种。植株塔形，易群生。肉质叶长三角形，向上生长，叶背有密集的白色疣突。变种有小白鸽，园艺种有大鹰爪、金海鹰爪等。

▶ 鹰爪

▲ 大鹰爪

▶ 金海鹰爪

▶ 小白鸽

九轮塔（*Haworthia coarctata*） 植株塔形，易群生。叶三角形，向内弯曲，绿色，叶面有稀疏的白色疣突。品种有龙爪（松果掌）；杂交种黑蜥蜴；斑锦变种九轮塔锦等。

▲ 黑蜥蜴

▲ 九轮塔锦

▲九轮塔

▲冬之星座锦

▲姬冬星

大型硬叶亚属

大型硬叶亚属瓦苇“Subgenus Robustipedunculares”中的词根“Robus-”在拉丁语中有“强壮的”的意思，除了指它的植株较大、叶质坚硬外，更主要的还是指它的花梗粗壮而坚硬，多分枝，花朵虽小但质地坚硬，其果实、种子也比其他瓦苇类植物大很多。该亚属种类不多，仅有瑞鹤、冬之星座、漫天星、帝王卷等4个原始种，但每种都有一系列的园艺品种。

冬之星座（*Haworthia pumila*） 简称冬星。肉质叶呈放射状丛生，叶色深绿，表皮坚硬，有白色疣突，其形状以点状或环状为主，也有水滴状、横纹或其他形状。园艺品种有环纹冬之星座、姬冬星、字母冬星、红狮子冬星以及冬星锦等。

漫天星（*Haworthia minima*） 也称满天星、米粒、迷你玛。肉质叶狭而长，绿色或蓝绿色，有些类型在阳

▼冬之星座

光充足时会呈红褐色，叶面上细小的疣突。品种有地上之星以及其他园艺种。

▲ 地上之星

帝王卷（*Haworthia kingiana*） 植株无茎。肉质叶排成莲座状，叶质坚硬，肥厚，三角形，下部宽，顶端尖。叶色翠绿或稍呈黄绿色，在阳光充足的条件下，有时叶尖呈美丽的红色，叶面有白色的浅疣点。因产地的不同，其形态也有一定的差异。

▲ 帝王卷

瑞鹤（*Haworthia marginata*） 植株多为单生，很少出侧芽。株型较大，株幅达15厘米左右，无茎。肉质叶呈螺旋状放射生长，叶片肥厚坚硬，狭长三角形，表面绿色或灰绿色，无疣点或有少量的疣点，光滑而有光泽，叶片两侧及背部有透明的硬棱。有青皮瑞鹤（也称青瑞鹤，因产地的不同分为宽叶、狭叶两种）、星瑞鹤、白折瑞鹤等品种。此外，还有大量的园艺种、变种，像瑞鹤锦、天使之泪等。

天使之泪为瑞鹤的杂交种，因叶面上的白色疣突如同流动的泪珠而得名。一般认为是由美国知名多肉植物专家 S. A. Hammer 育成（也有其他说法）。其肉质叶厚实，呈三角锥形，

▲ 星瑞鹤

▲ 瑞鹤锦

▲ 窄叶青皮瑞鹤

▲ 白折瑞鹤

▲ 青皮瑞鹤

▲ 天使之泪

螺旋状排列成莲座形，深绿色；叶表有大而凸起的白色瓷质疣突，其叶背的疣突较叶面多，有点状、纵长条状等形状，有些植株老叶的疣突则呈半透明的绿色，看上去不如新叶那么鲜亮。有人以天使之泪为基础，杂交培育出了疣点更为浓密的皇帝天使，以及其他类型的天使之类杂交种；天津网名“岩鸣”的玩家利用基因技术培育出了天使之泪锦。

▲ 天使之泪锦

除上述种类外，天守之座、钱形瓦苇、浅涧之星、恐龙瓦苇、泪珠、流星雨等园艺种的大型硬叶瓦苇也颇受玩家的青睐。

▲ 皇帝天使之泪

▲ 恐龙瓦苇

▲ 流星雨

▲ 钱形瓦苇

▲ 天守之座

▲ 泪珠锦

沙鱼掌属

沙鱼掌属（*Gasteriea*）　也称脂麻掌属，约有 100 多种，其代表种是卧牛，其他还有春莺啭、子宝、白光龙等。

卧牛虽然生长缓慢，但比瓦苇习性更加强健，管理也可较为粗放。可播种、分株、叶插繁殖。具体管理措施参照瓦苇属。

卧牛（*Gasteriea armstrongii*）　植株无茎或仅有短茎，具粗壮的肉质根。多数品种的叶为两列叠生，也有少量品种的叶是三列互生；叶质肥厚坚硬，呈舌状；叶表绿色或墨绿色，稍有光泽，密布小疣突，使叶片显得较为粗糙。总状花序，花莛高 20 ~ 30 厘米，小花下垂，下部橙红色，上部绿色，由于是下垂生长，因此看起来是上红下绿；花序下面一般有 1 ~ 3 片托叶，花后托叶会滋生花茎苗，这也是卧牛自然繁殖的一条重要途径，同时也是一些名贵品种的重要繁殖方法。

◀ 卧牛的花

卧牛的园艺种及杂交种很多，其命名也较为混乱，主要有恐龙卧牛、圣牛、圣牛殿、斗牛、卧象、比兰西卧牛、白云卧牛、卧牛龙、爱勒巨象、绿星卧牛、达摩卧牛、银豪卧牛、龙虎豹、绿冰、军配卧牛、碧琉璃卧牛等。有的叶片光滑，没有小疣突；有的叶片上有白色花纹或白色疣突，有的叶前端有“V”形棱；有些品种的叶片还呈螺旋状叠生。其植株的大小差异也很大，有的杂交品种生长很快，而且株型很大，反而失去了“生长缓慢，叶片宽厚结实，叶面粗糙，叶尖不向上，叶与叶相互紧贴叠生，无叶缘”这些卧牛固有的特点。因此，在挑选卧牛时要选择那些株型端庄、紧凑，叶片厚、短、宽，叶面上的疣突大而密集、均匀，叶端圆钝的植株。

▲ 白云卧牛

▲ 王妃卧牛龙锦（覆轮）

▲ 恐龙卧牛

▲ 卧牛

▲ 绿冰

卧牛锦为卧牛的斑锦变异品种，绿色叶面上有显著的纵向黄色斑纹，有时整个叶片都会呈黄色。

▲ 卧牛锦

▲ 碧琉璃卧牛锦

子宝（*Gasteria gracilis* var. *minima*） 株形与叶形均与卧牛近似，但较小，易群生，叶面上也没疣突或有稀疏的疣突。品种有奶油子宝、富士子宝、银丝子宝以及子宝锦等。

▲ 子宝锦

其他属种类

主要指松塔掌属与青瓷塔属多肉植物，其管理措施可参考瓦苇属的管理。

松塔掌属（*Astroloba*）是芦荟科中较为冷门的一个属，不少人将其当作小型硬叶瓦苇亚属植物。植株几乎无茎，丛生状肉质叶坚硬，有些被白粉或散状疣点，叶子先端都具有坚硬的刺状尾巴。总状花序，小花排列比较密集，小花梗直立，花沿短。本属有 20 种左右，主要有松塔掌、炎之塔、炎之塔 B 型以及光叶松塔掌、白肌赤耳等。

▲ 光叶松塔掌

▲ 炎之塔 B 型

▲ 白肌赤耳

◀ 炎之塔

◀ 松塔掌

青瓷塔属（*Poellnitzia*） 有的资料将其归并为松塔掌属，也有人将其当成小型硬叶瓦苇植物。植株塔形。肉质叶水平伸展，蓝色，具白粉。花朵带有浅红色。其生长缓慢，不易出侧芽。

▲ 青瓷塔

龙舌兰科

龙舌兰科（Agavaceea）因叶片呈剑形，叶缘有波状硬齿，形态很像传说中龙的舌头而得名；又因其寿命长，生长缓慢，开花不易，而在英文中被称为“century plant”（世纪植物）。其品种繁多，形态或威猛刚健，或玲珑雅致；叶色多变，或绚丽多彩，或清新飘逸。其中龙舌兰属的不少种类曾经风靡一时，至今仍有不少玩家收集栽培。

龙舌兰属

龙舌兰属（*Agave*）多肉植物约有300个原始种，还有大量的园艺品种、杂交种、栽培变种。植株无茎或具短茎。肉质叶旋叠于茎基，呈莲座状排列，大多数种类植株中心的几片幼叶并在一起，呈圆锥状；叶片依品种的不同有狭长呈舟形、剑形、三角形、针形、线形等，叶尖端有尖锐的利刺，叶缘有硬齿刺；叶色有绿、蓝、灰绿等，有些品种叶面上还被有白粉和美丽的斑纹。花为圆锥花序或伞形花序，花梗粗壮，高达数米，雌雄同株，经异花授粉后可结蒴果；大多数品种的龙舌兰一生只开一次花，通常在生长8～25年后才能开花，花后植株逐渐枯萎死亡；有些种类砍去花箭后，虽然植株不会死亡，但生长点已经没有，植株不再长大，只会不断地出侧芽。

龙舌兰属为夏型种多肉植物，喜温暖干燥和阳光充足的环境，耐干旱和半阴，不耐寒冷，怕积水。4～9月的生长期给予充足的阳光，即使夏季高温时也不要遮光，但要有良好的通风。长期在光线不足处栽培的植株不要突然移到烈日下曝晒，以免强光灼伤叶片；应在半阴处养护一个阶段，再移至阳光充足处，让其逐渐适应环境的变化。冬季保持土壤干燥，使植株休眠，能耐0℃左右的低温；若温度过低，会使叶片背面不断析出液体，稍后大面积溃烂，最后叶片干瘪。

生长期保持土壤湿润而不积水，以免因水大造成烂根。不过，也不宜过于干旱，否则植株虽不会死亡，但生长缓慢，甚至停止，叶色黯淡无光泽。每10～15天施一次以“磷钾肥”为主的稀薄液肥；也可在土壤中掺入少量的缓效肥料，以满足生长的需要。深秋以后要减少浇水，停止施肥，以促使植株生长充实，有利于越冬。龙舌兰类植物的叶片肥厚，有些品种叶面还有一层白粉或蜡质层，可以有效地保持水分，因此对空气湿度的要求并不是太严格，在空气较为干燥的环境中也能正常生长。虽然如此，但大部分品种的龙舌兰在空气湿润的环境中生长更好，新栽的植株发根也快。为此，在生长季节可经常向植株喷水，以增加空气湿度，但叶面不宜长时间存水，以免造成腐烂。

盆土要求有一定的颗粒度，具有良好的排水透气性，常用腐叶土、粗沙、炉渣和骨粉、贝壳粉等石灰质材料混合配制。

繁殖可用播种、分株、扦插等方法。

辉山（*Agave victoria-reginae* var. *iegated* ‘Kizan’）为笹之雪优选种的斑锦变异品种。植株无茎。肉质叶呈莲座状排列，叶数众多，中心的几片幼叶并在一起，呈圆锥状。叶片三角锥形，正面扁平，背面圆形、微呈龙骨状凸起；叶面、叶背、叶缘均有不规则的白色角质层，叶顶端有深褐色硬刺1枚。叶绿色，边缘呈明黄色，在夏秋季节，阳光充足的环境中尤其明显；在冬、春季节或其他季节在阳光不足的环境中，叶缘的明黄色则会逐渐减退，甚至消失，但如果环境适宜还会再度显现。因此，充足而强烈的阳光和炎热的环境是保证其优良品相的先决条件。

笹之雪的园艺种很多，仅斑锦而言，就有与辉山近似的笹之雪黄覆轮，两者均属黄色覆轮类斑锦，其主要区别是辉山的叶短、宽、厚，头也较钝，叶面油润光亮，犹如涂蜡；而笹之雪黄覆轮的株型较为松散，叶细长，较窄，头较尖，叶面也没有蜡质感，叶缘呈或明或暗的黄色。此外，还有边缘为白色的冰山、雪山、姬雪山、新雪山、笹之雪黄中斑等斑锦变异品种，以及桃太郎笹之雪、姬笹之雪等园艺种。

▼ 辉山

▲ 园艺种笹之雪

▲ 笹之雪黄覆轮

▲ 笹之雪黄中斑

▲ 桃太郎笹之雪

▲ 冰山

甲蟹（*Agave isthmensis*） 因叶形呈蟹壳状，叶缘还有尖锐的刺，看上去犹如一只披甲执锐的螃蟹而得名。植株无茎。肉质叶呈莲座状排列，叶色青绿，被有白粉，新叶表面残存有老叶上硬刺“挤压”的痕迹，叶缘有波状齿，每个锯齿顶端都有锐刺，叶先端的刺长而粗大，新刺黄褐色，老刺红褐色。品种有连刺甲蟹、王妃甲蟹以及甲蟹锦等。

▲ 甲蟹

▲ 连刺甲蟹

雷神（*Agave potatorum*） 植株无茎。肉质叶呈莲座状排列。叶色青绿或蓝绿，被有淡薄的白粉，叶缘有稀疏的肉齿，齿端生有黄色或红褐色短刺。园艺种有雷神锦、怒雷神锦、王妃雷神，以及斑锦品种王妃雷神黄中斑、王妃雷神白中斑、王妃雷神浅中斑、王妃雷神覆轮等。

▲ 怒雷神锦

▲王妃雷神黄中斑

普米拉（*Agave pumila*）也称姬龙舌。植株无茎。肉质叶呈莲座状排列。幼株的株幅 10 ~ 15 厘米，甚至更小；叶片肥厚，三角形，向内凹，顶端尖，叶色灰绿或蓝绿色，叶背有暗色的细线条，叶缘有小锯齿，这种形态能保持 8 ~ 12 年之久。以后一旦有了足够的生长空间，植株就会长成成熟株，其叶变长，呈剑形，长达 30 厘米左右；莲座状的植株则会增大至 60 ~ 70 厘米。

普米拉的这种幼株与成株呈不同形态的特性非常奇特，不少人将其看做两个品种。由于国内见到的多为株型不是太大的幼龄植株，因此该植物又有“姬龙舌”的别名，意思是最小的龙舌兰，甚至以讹传讹，将其说成龙舌兰属植物中植株最小的种。而实际上并非如此，成龄的普米拉植株硕大，非常壮观，只不过国内很少见到而已。

泷之白丝（*Agave schidigera*） 肉质叶呈莲座状排列，平展或呈放射状生长；叶片基部较宽，硬而直，近似线形或剑形，叶面平整，有少许的白色线条和光滑的角质层，叶尖有硬刺，叶色浓绿，叶缘有角质，每隔一段距离生有细长而卷曲白色纤维。泷之白丝的类型很多，以叶片排列紧凑、叶面上的白色线条显著而浓、叶缘的白色纤维长而浓密者为佳。斑锦变异品种为泷之白丝锦。

▲普米拉

▲泷之白丝

姬乱雪（*Agave parriflora*） 又名小花龙舌兰。叶盘莲座状；叶片狭披针形，叶色深绿，有白色角质层，叶缘有卷曲的白色纤毛。园艺种类型也丰富，以株型紧凑、叶面上的角质层浓厚洁白凸起、叶缘的白色纤毛长而浓密者为上品。树冰就是其中较为著名的品种之一。斑锦品种姬乱雪锦有中斑、覆轮、散斑等变化。此外，还有姬乱雪锦、王妃姬乱雪以及王妃姬乱雪锦等。

▲ 特选姬乱雪

▲ 姬乱雪中斑锦

王妃笹之雪（*Agave filifera* ‘Compacta’） 为乱雪的小型种。叶盘整齐；叶片较短，叶缘有白丝，有时叶面上有不规则白色线条，按叶形的不同，可分为 A、B、C 三种。其中 A 型种的叶片短而宽，C 型种的叶片窄而长，B 型种介于二者之间。斑锦品种有王妃笹之雪锦。

▲ 王妃笹之雪 A

▲ 王妃笹之雪 A 锦

▲ 王妃笹之雪 B

仁王冠（*Agave* sp. ‘No. 1’） 又名严流。肉质叶呈放射状丛生，排列成莲座状；叶色青灰至蓝灰色，叶背残留有老叶的印痕，叶缘有显著的深褐色或白色角质层，并有同样颜色的刺，叶的顶端较尖，生有一枚尖锐的黑褐色粗刺。品种有王妃仁王冠、蓝鲸、白鲸以及仁王冠锦等。

▲ 姬仁王冠

▲ 蓝鲸

妖炎（*Agave utahensis* var. *eborispinar*） 为青瓷炉的变种。肉质叶灰绿色，叶子近直立，叶丛向内包；叶缘有弯曲的刺，刺灰白色、顶端褐色，其中叶尖的刺不仅长，而且曲折有致。品种有曲刺妖炎以及斑锦变异妖炎锦等。

▼ 仁王冠

▲ 妖炎锦

▼ 妖炎

吹上（*Agave stricta*） 大中型种。最大株幅可达 1 米，植株由很多叶组成半球状叶盘。叶质坚硬，呈放射状笔直丛生，叶片细长，叶色灰绿，具浅绿色脉状直线。其小型种有姬吹上，叶色蓝绿或黄绿，叶尖有褐色刺。

▲ 黄肌姬吹上

其他属代表种

虎尾兰属（*Sansevieria*） 约有 60 余种。具匍匐生长的根状茎。多纤维的肉质叶直立或旋叠在基部，叶面上类似虎皮的明暗花纹；有些园艺种叶缘还呈金黄色，叶面有宽窄不一的银白色条纹。有虎尾兰、筒叶虎尾兰、姬虎尾兰、银脉虎尾兰、短叶虎尾兰、金边虎尾兰以及新引进的鲍鱼虎尾兰、香蕉虎尾兰、鸟嘴虎尾兰、步行者虎尾兰等品种。

▲ 筒叶虎尾兰锦

为夏型种多肉植物，可扦插或分株繁殖。

▲ 姬虎尾兰

▲ 武士虎尾兰锦

▲ 香蕉虎尾兰

酒瓶兰属（*Nolina*） 以酒瓶兰（*Nolina recurvata*）最为常见。酒瓶兰也称象腿树。植株呈树状，老株在原产地高可达 10 米。茎直立，基部膨大，呈球状，直径可达1米，酷似酒瓶，老树皮龟裂成小方块。叶线形，簇生于茎干顶端，稍具革质，叶色蓝绿色或灰绿色。雌雄异株，圆锥花序很高，小花白色或淡黄色。变异品种有酒瓶兰锦、酒瓶兰缀化等。

夏型种多肉植物，播种繁殖。

▲ 酒瓶兰锦

▲ 酒瓶兰缀化

▲ 酒瓶兰的花（雄花）

大戟科

大戟科（Euphorbiaceae）多肉植物的一个重要特征就是体内含有毒的白色乳状浆液，全科约有300属，8000余种，多肉植物集中在大戟属、麻疯树属、翡翠塔属（翡翠木属）、白雀珊瑚（红雀珊瑚属）等几个属。

大戟属

大戟属（*Euphorbia*）多肉植物具肉质化很高的茎，其形态有圆球形、圆柱形、棱柱形、茎干状、蔓生细长形以及不规则形等，有些种类茎表还有美丽的花纹，表皮破后，伤口有白色乳汁状浆液流出。虎刺梅之类的苞片大而鲜艳，常做观花植物栽培。

安博沃大戟（*Euphorbia ambovombensis*）也称安博翁贝大戟、安博温贝大戟。植株具肥大的“块根”，分枝从“块根”顶端长出，灰白色。叶子生于茎的上部，叶片稍肉质，叶缘向上翻起呈波浪状，叶面深绿色，叶背常呈紫色。钟状花序棕红色，直立或水平生长，果实成熟后向上竖直。

安博沃大戟原产非洲的马达加斯岛。在该岛的灌木林下、草丛中还生长着一些与安博沃大戟形态近似的大戟属多肉植物，其特征是植株矮小，大部分茎和块根被埋在土下，只有生长点露出土表，但经常被落叶覆盖，它们隶属于大戟科大戟属的 Lancanthus 亚属，均为濒危野生动植物种国际贸易公约（CITES）保护植物。国内常见的品种有叶片边缘有皱褶的皱叶麒麟、开普圣玛丽大戟，其叶片的皱褶程度除跟品种有关系外，还跟栽培环境的光照有很大关系，如果阳光非常充足，皱褶加剧，并向内翻卷，弱光下则会摊开平展生长。此外，还有叶色多变的彩叶麒麟（富兰麒麟）。其叶片细长，叶缘向内卷，形成筒状，顶端尖的筒叶麒麟，叶片修长的瓦莲大戟；茎上密布刺毛的图拉大戟等种类，有些种类还有一系列的变种。

◀ 安博沃大戟

▲ 筒叶麒麟

▲ 彩叶麒麟

鱼鳞大戟（*Euphorbia piscidermis*） 也称鱼鳞丸、鱼皮大戟，因肉质茎表皮呈类似鱼鳞的鳞片结构而得名。植株具肉质根，肉质茎初为球形或扁球形，以后逐渐长成圆柱形，表皮灰白色或灰绿色，呈鳞片状，层层覆叠，酷似鱼鳞。小花不甚显著，由植株上部的鳞片层中抽出，在生长季节不定期开放。缀化变异品种为鱼鳞大戟缀化，植株横向卷曲生长，其形态初为扇形或鸡冠状，生长多年的植株则扭曲盘旋，非常壮观。

▲ 鱼鳞大戟

▲ 鱼鳞大戟缀化

旋风麒麟（*Euphorbia groenewaldii*） 植株具粗大肉质根，块根之上延伸出小的主茎，主茎多分枝，老株分枝匍匐生长。肉质茎蓝绿色，有暗淡的花纹，经日晒后略带紫晕；具3棱，呈螺旋状，棱缘强烈扭曲向上，有类似疣突的突起，每个疣突顶端有1对褐色尖刺。新生的分枝顶端有细小的叶片，但早脱落。近似种有螺旋麒麟，肉质茎也呈螺旋状，但“旋”得没有旋风麒麟那么狠。

▲ 螺旋麒麟

▲ 旋风麒麟

飞龙（*Euphorbia stellata*） 也称飞龙大戟。植株具灰白色或浅褐色萝卜形根状茎；其顶端长有数根扁平的片状肉质茎，初期向上生长，以后平展或稍下垂、扭曲生长；表皮深绿色，有“人”字形或“八”字形花纹，在阳光充足的环境中花纹尤为明显；边缘呈粗锯齿状，刺红褐色，生于茎的边缘，2枚一组，呈“V”字形排列。近似种怪奇岛，具块根，肉质茎三棱形，并有紫色花纹。

▲ 飞龙

虎刺梅（*Euphorbia milii*） 又名铁海棠、老虎簕、麒麟花、花麒麟、麒麟刺。茎直立或稍具攀缘性，皮刺锥形坚硬，褐色。叶倒卵形至矩圆状匙形，生于嫩枝上。2歧聚伞花序生

▲ 虎刺梅

于枝条顶端，花序有长梗，苞片鲜红色，倒卵状圆形，花小，不显著；美丽的苞片是其主要观赏部位，除红色外还有黄、白、粉、绿、复色等多种颜色。其园艺种有大基督虎刺梅、小基督虎刺梅、塔城虎刺梅、紫红衣虎刺梅等。此外，还有缀化变异品种——虎刺梅缀化，其生长点横向发展，使植株呈扁平扇状。

▲ 虎刺梅缀化

铁甲球（*Euphorbia bupleurifolia*） 又名铁甲丸苏铁大戟。球状至长球状肉质茎单生，全株被有鳞片状铁褐色瘤突，瘤突先端有叶脱落的痕迹，看上去如同披上褐色的铁甲，故名铁甲球。在气候温暖的环境中茎顶端簇生绿色叶子，冬季天气变冷时叶片脱落。

▲ 铁甲球

白桦麒麟（*Euphorbia mammillaris* 'Variegata'） 为玉鳞凤的斑锦变异品种。植株具低矮的柱状肉质茎，表皮灰白色，犹如白桦树的皮，色彩素雅而明快。小叶不发育或早脱落，仅在茎顶端生长点附近才能看到。

▼ 白桦麒麟

布纹球（*Euphorbia obesa*） 又名晃玉、阿贝莎。植株球状或圆筒形，表面灰绿色，有红褐色纵横交错的条纹，顶部条纹较密。茎具阔棱 8 条，棱缘上有褐色小钝齿。大部分为雌雄异株，少量为雌雄同株，其中的雌株球体较扁，雄株球茎圆筒状。生长多年的植株会在侧棱萌生仔球。变种有布纹球锦、布纹球缀化、布纹球石化等。近似种有贵青玉、峨眉山等。

▲ 布纹球锦

▼ 布纹球缀化

▲ 玉麟宝

玉麟宝（*Euphorbia globosa*） 球状或短柱状肉质茎一段段连在一起，茎上有不规则的凹槽。小叶易脱落，在茎上留下叶痕。

银角珊瑚（*Euphorbia stenoclada*） 也称银角麒麟。植株呈小灌木状，肉质茎质硬，直立生长，分枝多，深绿色。斑锦品种银角珊瑚锦，植株上有白色花纹。

亚迪大戟（*Euphorbia abdelkuri*） 肉质茎多分枝，表皮灰白色，粗糙有着石膏般的质感。斑锦品种亚迪大戟锦，肉质茎呈粉红色。

▲ 银角珊瑚

▲ 银角珊瑚锦

▲ 亚迪大戟锦

魁伟玉（*Euphorbia horrida*） 又名恐针麒麟。植株具粗圆筒形肉质茎，有10条以上的突出棱；表皮绿色至灰绿色，披有白粉；有较为明显、平行排列的深色横肋，刺生于棱缘上，红褐至深褐色，易脱落。小叶早脱落，因此给人的印象是植株始终无叶。聚伞花序，小花紫红色。变种有植株呈白色的白衣魁伟玉以及斑锦品种魁伟玉锦。

▲ 魁伟玉锦

九头龙（*Euphorbia inermis*） 肉质茎圆球形，顶端生长着数根细长的棒状肉质茎。近似种有群蛇丸、孔雀球等，其特点是植株具肥大的球状主茎，主茎顶端有细长的肉质茎。

▲ 九头龙

大戟属多肉植物均为夏型种，喜阳光充足的环境，可播种或扦插、嫁接繁殖。

其他属代表种

锦珊瑚（*Jatropha berlandieri*） 也称珊瑚珠，麻疯树属多肉植物。植株具圆球状茎干，其表皮粗糙，灰褐色至黄褐色，有灰白色粉质斑痕；生长期顶端簇生绿色嫩枝，枝上互生叶片7～15枚。叶掌状，具长叶，绿色，被有淡淡的一层白粉。伞形花序，雌雄异花，但同株，小花红色。蒴果球形，带棱。同属中常见栽培的还有佛肚树。

▲ 锦珊瑚

▲ 锦珊瑚的花

人参大戟（*Monadenium montanum* var. *rubellum*） 翡翠塔属多肉植物。具浅灰色肥大的肉质根茎，形似人参，其顶端长有圆形肉质细茎，上有纵棱。叶质厚，近似菱形，正面灰绿色，背面紫红色，小花深粉红色。

▲ 人参大戟

将军阁（*Monadenium ritchiei* ssp. *nyambense*） 翡翠塔属多肉植物。植株基部多分枝。茎肉质，呈圆柱形，深绿或浅绿色，有线状凹纹。小叶轮生，叶片卵圆形，绿色，稍具肉质，有细毛，边缘稍有波状起伏。假伞形花序，小花黄绿色。斑锦品种有将军阁锦。

▲ 将军阁锦

仙人掌科

“仙人掌”一词有着狭义与广义之分。广义上的“仙人掌”是指仙人掌科仙人掌属植物中所有的种类，约有300余种；狭义上的“仙人掌”是指仙人掌科仙人掌属的仙人掌（*Opuntia dillenii*）。

“仙人掌类植物”则是一个花卉园艺上概念，包括了植物学上仙人掌科植物的全部种类，不管形态呈球状、柱状、掌状或其他形状，都可以称为“仙人掌类植物”或“仙人掌类花卉”。但有人将形态与之近似的大戟科、萝藦科的一些种类也称为“仙人掌类植物”，这是错误的。

仙人掌科（Cactaceae）是多肉植物中非常重要的一个科，约有140个属，2000多个原生种，变种及园艺种就更多了。不同种类的植株形状各异，有呈灌木状、扁平扇状、柱状、棱柱形、球状、扁球状、卵状、筒形，等等。其中不少是深受玩家喜爱的经典种类，像乌羽玉、岩牡丹、精巧丸、花笼、银牡丹、星球等；有一些种类开花鲜艳，色彩丰富，常作为观花植物栽培，像白檀、草球、龙王球、狮子王、绯花玉、宝山、美花角、蟹爪兰、仙人指、昙花以及各种美花乳突球等。刺是这些植物的观赏主体。有一些种类的刺威猛刚强，色彩美艳，像日出、神仙玉、狂刺金琥等；还有一些种类的刺洁白素雅，像白星、高砂、白鸟、春星、羽毛球等。此外，美刺玉、伏地魔的刺也很有特色。

与其他种类多肉植物不同的是，仙人掌科植物的刺是生长在刺座上的，从本质上说刺座就是一个短缩的枝，上面生有叶芽、花芽与不定芽。因此，刺和毛从刺座上长出；除乳突球属等少数种类的花生于疣腋外，大部分种类的花、仔球和分枝也从刺座上长出。可以说，刺座是仙人掌科植物的特有器官，有些多肉植物尽管也有着与仙人掌类植物极为相似的刺，但它们却没有“刺座”这一结构，像大戟科的春峰，萝藦科的丽钟阁、阿修罗等。

▲美刺玉属植物的刺

我们知道，绝大多数仙人科植物都生长在

▲吹雪柱

▲翠竹

干旱少雨的沙漠地带，这里最珍贵的就是水。仙人掌科植物的刺就是围绕着“如何节约水，利用水”这个主题由叶子进化而成的：叶子成为刺后可以有效地减少水分的蒸发，在白天纵横交错的刺就像一个遮阳网，遮挡和反射沙漠中毒辣辣的阳光，防止植株被灼伤；在夜晚将湿润空气中的露水聚集起来，流到根部，供植株吸收利用。此外，锐利的刺还可像盔甲那样保护肉质茎不受鸟兽等动物的啃食践踏。生长在较为湿润的环境中的仙人掌类植物则还保留着叶子，像叶仙人掌、樱麒麟、将军等都有不同形状的叶子；而生长在热带雨林地带的昙花、蟹爪兰、令箭荷花、丝苇等附生类仙人掌植物的茎则完全进化成“扁平、宽大”的叶的形态，进行光合作用。

大部分种类的仙人掌科植物都是夏型种多肉植物，生长季节在4～10月，要求给予充足的阳光，并有较大的昼夜温差，以利于植株的生长发育，避免徒长，使得球体扁平饱满，刺色亮丽，更具观赏性。进入晚秋后植株生长停滞，进入休眠状态，可放在室内光照较为充足的地方，控制浇水，甚至可以完全断水；温度也不宜过高，否则会打破植物的正常休眠，对翌年的开花造成不利影响。因此，越冬温度最好不要超过10℃，让植株在睡眠中度过寒冷的冬季。夏季则要注意通风良好，避免闷热潮湿的环境，以防腐烂。此外，还有少量原产于高山地带的仙人掌科植物，夏天因怕炎热而生长停滞，冬天虽然不再生长，其相对耐寒性也高于其他类型的仙人掌科植物，其主要生长季节在春秋两季，算是“中间型”的种类吧！

仙人掌科植物可以用播

▼ 樱麒麟

种、扦插、嫁接等方法繁殖。其中用播种方法繁殖的植株谓之“实生株”，虽然生长较为缓慢，但株型端庄大气，具有较高的观赏性。与用扦插、嫁接方法繁殖的植株相比，实生株价格也相对较高，尤其是花笼、松露玉、松针牡丹、岩牡丹、银牡丹、娇丽玉等名品仙人球，其价格要相差几十倍，甚至上百倍。用嫁接方法繁殖的植株俗称“接货”，其植株生长较快，开花容易，尤其是那些植株呈黄、白、红等颜色的斑锦变异品种，必须通过嫁接，依靠砧木提供养分，才能正常生长。但对于岩牡丹属以及乌精巧丸、菊水等种类，嫁接的植株往往形不成肥硕的块根，其观赏性大打折扣，但其低廉的价位也吸引了不少的爱好者。

▲ 嫁接的帝冠锦

以下将介绍一些在玩家中流行的经典种类以及适合爱好者栽培的中小型种类。

乌羽玉（*Lophophora willamsii*） 又名僧冠掌，玩家俗称“乌鱼”“鱼”，为乌羽玉属植物。老株丛生，具粗大的萝卜状肉质根。单株球体呈扁球形或球形，质地柔软，表皮暗绿色或灰绿色、蓝色、翠绿色；棱垂直或呈螺旋状排列，幼年时期棱少，以后随着植株的生长，逐渐增加到 8 ~ 10 个宽棱，棱脊平缓，棱分成瘤块状，瘤块低圆。球体顶部的生长点多茸毛，刺座无刺，只有小刷子般的白色或黄白色茸毛。小花钟状或漏斗形，淡粉红色至紫红色或白色，生于球体顶部。浆果粉红色，棍棒状，内有 20 ~ 30 粒黑色种子。

◀ 乌羽玉

◀ 乌羽玉缀化

乌羽玉的品种很多，还有缀化、斑锦变异品种。常见的品种仔吹乌羽玉，球体较小，易生仔球，常成丛生长；白花乌羽玉，球体较大，多棱，花白色。此外，五棱乌羽玉、多棱乌羽玉、大型乌羽玉、有刺乌羽玉、长毛乌羽玉、乔丹乌羽玉、考氏乌羽玉等品种也较常见。

翠冠玉（*Lophophora diffusa*） 乌羽玉属植物。花白色或黄白色。园艺品种很多，多由日本引进，名称也多沿用日本的命名，像小池浓绿、村主云海、仲本龟甲等。此外，还有翠冠玉缀化、翠冠玉锦等变种。

▲ 金毛翠冠玉

▲ 翠冠玉

银冠玉（*Lophophora fricii*） 乌羽玉属植物。球体呈扁球形，表皮蓝绿色至灰绿色，被有薄薄的一层白粉，顶部的毛又白又厚，花粉红色、紫红色或淡黄白色有深色中条纹。园艺品种很多，如银冠玉就有疣突较大的巨疣银冠玉，疣突下垂的垂疣银冠玉、疣突较小的小疣银冠玉、疣突呈龟甲状的龟甲银冠玉，以及斑锦、缀化等变异。

▲ 银冠玉

▲ 疣银冠玉

牡丹类仙人掌（*Ariocarpus* sp.） 岩牡丹属植物的统称。植株具粗大的肉质根。肉质茎球形或扁球形，有莲座状排列的三角形或近似三角形疣突，表皮墨绿色至灰绿、绿色，有些品种疣突中间还有一条浅沟，沟内密生细短的黄白色茸毛。花钟状，有红、粉、白等色；花期和花朵的大小因品种而异，通常在阳光充足的白天开放，夜晚闭合，如此昼开夜闭，可持续一周左右。

岩牡丹属植物约有 10 多个原始种，还有不少的杂交种和园艺变种，主要有龟甲牡丹、岩牡丹、玉牡丹、龙舌兰牡丹、花牡丹、三角牡丹、龙角牡丹、连山牡丹、黑牡丹、姬牡丹等，以及缀化变异、斑锦变异等变异品种。

▲ 玉牡丹

▲ 黑牡丹

牡丹类仙人掌形态奇特，似岩石而有生命，与娇艳的花朵相映成趣，犹如盛开在岩石上的花朵，自然典雅，富有野趣，犹如活着的工艺品，深受资深玩家的喜爱，不少人都将成型的作为“镇园之宝”。

兜（*Astrophytum asterias*） 也叫星球，为星球属植物。球体呈球形或扁圆球形，一般 8 棱，很少情况下会有少至 4 棱多至 13 棱，棱背中央有呈绒球状的刺座，并零散分布着白色丛状

▼ 三角牡丹

卷毛（星）。花通常为黄色，喉部红色，也有红色的，称为“赤花兜”。其园艺种和变种极为丰富，有斑锦、缀化、红叶（植株呈红色或紫色，在冷凉季节和生长点附近尤为明显）等多种变异，有花园兜、超兜、连心兜、V 字兜、琉璃兜、龟甲兜等品种。

▲ 赤花兜（下）与兜锦（上）

▲ 兜

鸾凤玉（*Astrophytum myriostigom*） 为星球属植物。植株单生，初呈球状，长大后为柱状，棱脊锐而直，其中五棱的最为常见，其他还有三棱（三角鸾凤玉）、四棱（四角鸾凤玉，也称四方玉）、六棱、螺旋棱等。植株表面绿色，布有白色星点，另有表皮无白色星点的琉璃型鸾凤玉和星点大而密的恩冢型鸾凤玉。有缀化、斑锦等多种变异品种。

▲ 瑞凤玉

▲ 鸾凤玉锦

兜、鸾凤玉是仙人掌科植物中的经典种类，曾经风靡一时，至今仍有不少玩家收集栽培。此外，星球属中还有般若、瑞凤玉、大凤玉、美杜莎等。其中的美杜莎（*Astrophytum caput-medusae*）极为独特，植株具萝卜状块根，肉质分枝向外扩散，形成独特的章鱼爪状株型，就像古希腊神话传说的蛇发女妖“美杜莎”，这就是其名称的由来。花黄色，散发出似有若无的清香。

精巧丸（*Pelecyphora aselliformis*）又名精巧球，斧突球属植物。实生植株具有块根，生长极为缓慢。疣粒突起成狭长的手斧状，成熟植株之刺座前长有少许白毛。深绿色，球状或棒状，老株易生子球而成多头群生。花色为粉红色至桃红色。有缀化品种精巧丸缀化。

▲ 精巧丸

▲ 精巧丸缀化

银牡丹（*Pelecyphora strobiliformis*）因外形酷似松果，也被称为松果仙人掌、松球玉，为斧突球属植物。肉质茎球形或圆筒状，有肥大的肉质根，鳞片状的疣突灰绿色。花着生于球体顶部的疣突腋间，紫红色。

▲ 银牡丹

▲ 长城丸

蔷薇球（*Turbinicarpus valdezianus*） 也称蔷薇丸，为娇丽玉属植物。植株初为单生，多年生植株会长成群生状。具粗大的肉质直根。肉质茎呈球状或长球状，表皮蓝绿色；棱全部被四角状的疣突分解，疣突螺旋状排列，顶端截形；刺座水平方向排列，细发状软刺白色，多而密，几乎将整个球体覆盖。花着生于球体顶部，粉红色至紫红色，果实陀螺形。有白花蔷薇球以及近似种精巧殿。变异品种有蔷薇球缀化。

▼ 蔷薇球

▲ 精巧殿

菊水（*Strombocactus disciformis*） 菊水属植物。植株具肥大的萝卜根。肉质茎扁平球状，表皮绿色或灰绿色，有螺旋状排列的菱形瓦状结节。花白色，另有开红色花的赤花菊水。

▼ 菊水

▲赤花菊水

习志野（*Tephrocactus geometricus*） 球形节仙人掌属植物。肉质茎小球状，呈团簇状生长，表皮灰绿色或蓝色，在阳光充足的情况下，会变成红紫色。棘刺比较细，帖服并向下。其生长缓慢，每年只长一个或者极少数的小球。花淡粉色或白色，有深色的中脉。

▲习志野

海王球（*Gymnocalycium denudarum*） 裸萼球属植物。球体扁平，绿色，刺黄色或象牙白色，卷曲地贴于球体表面，花白色或红色。有狂刺、蝎刺、伏刺等类型。变异品种有斑锦、缀化等。

▲海王球锦

▲海王球

绯花玉（*Gymnocalycium baldianum*） 裸萼球属植物。植株呈扁球形，表皮墨绿色。花生于球体顶端，花色有白、粉红、深红、绿等颜色，夏季开放。变异品种有绯花玉缀化、绯花玉锦。同属中有翠晃冠等近似种。

◀绯花玉缀化

草球（*Echinopsis tubiflora*） 也称仙人球、花盛球、美花球、美花玉，仙人球属（也称海胆球属）植物。植株初呈球形，以后逐渐呈圆筒状，在原产地或温室地栽的环境中，其高度可达 75 厘米，直径也有 12 ~ 15 厘米，球体暗绿色，刺锥状，黑色，较为坚硬。花生于球体的侧上方，夏秋季节开放，常数朵同时开放。花大型，喇叭状，具长筒，白色，直径 10 厘米左右。通常在傍晚前后开放，次日上午凋谢。

▲ 粉花草球

小贴士

“仙人球”概念有广义狭义之分

仙人球是仙人掌科植物的代表种之一，凡是植株呈球状或近似球状的种类都可称为“仙人球”，这就是广义上的仙人球概念，而狭义上的仙人球就是指草球。仙人球属植物种类繁多，据有关资料介绍，有 50 ~ 120 种。草球是我国引进较早的一种仙人掌类植物，在我国民间种植悠久而广泛。近年来，随着对外交流的扩大，又有一些优良品种的草球引入我国，其花色除白色外，还有粉红、深红、紫红、黄、橙黄等多种颜色，鲜艳而丰富的花色引起了一些“球迷”的浓厚兴趣，使得不少爱好者对这些“老品种”的仙人球有了新的认识，开始加入“草球一族”，进行收集栽培，并有选择地杂交育种，以选育新的花色和花型。

▼ 彩色草球的花

士童（*Frailea asterioides*）士童属植物。直根性小型种。植株扁球形，绿褐色，棱 10 ~ 15 条，棱脊低平；刺初为红色，后变黑。花黄色，花檐短，被褐色短毛，闭花受精。果实多汁，果壁薄。士童是所有仙人球中形体最小的（也有文献说松露玉是最小的仙人球）。园艺种有大型士童、艳肌士童等，同属中还有豹之子、狸之子、狐之子、熊之子、龙之子、貂之子、虎之子、狮之子以及蜈蚣丸、天惠丸、紫云丸等。

▲ 士童

▲ 紫云丸

▲ 蜈蚣丸

美花角（*Echinocereus pentalophus*） 也称花簪、美花阁，为鹿角柱属植物。肉质茎棱柱状绿色，花朵硕大，花色玫瑰红色或深粉红色，中间白色。同属中近似种有金龙。同属见于栽培的还有太阳、青花虾等。

▲ 太阳

▲ 美花角

▲ 金龙

象牙球（*Coryphantha elephantidens*） 也称象牙丸，为顶花球属（也称菠萝球属）植物。植株呈球状或扁球状，表皮深绿色；疣突大而突起，圆形，不分棱，疣突的腋间有白色至灰白色绵毛；球体顶部生长点附近的绵毛更多。刺座位于疣突的顶端，椭圆形，新刺座也有绵毛。花生于疣腋间，夏季开放，粉红色，有暗红色条纹。斑锦品种为象牙球锦。

▲ 象牙球

▲ 象牙球锦

同属中常见的栽培品种还有天司球、黑象球（类似的还有魔象球）、巨象球、玉狮子、杨贵妃等。

紫王子（*Escobaria minima*） 松球属植物。肉质茎小球形，初为单生，以后逐渐呈群生状，具凸起的小疣，新刺象牙白。花紫红色。

▲ 紫王子

白檀（*Chamaecereus sylvestri*） 白檀属植物。植株丛生，具细圆筒状肉质茎，初直立生长，以后匍匐生长。花漏斗状，橙红至鲜红色，初夏绽放。在国外白檀与其他仙人掌科植物远缘杂交后，培育出了许多新的品种，其花朵更大，花色也较为丰富，出现了黄花、紫红以及一朵花开出两种颜色的复色花，而且开花也更勤。其斑锦变异品种叫山吹；缀化变异品种白马，肉质茎扁平，扭曲盘旋，形似鸡冠，故也称鸡冠掌。

▲ 白檀

▲ 山吹

日之出（*Ferocactus latispinus*） 强刺球属植物。肉质茎扁球形，刺红色，中刺宽而强健，先端带钩。花红色中带有黄色。变种有日之出锦、黄刺品种金致玉等。

▲ 日之出

▲ 神仙玉

▲ 日之出锦

强刺球属中不少种类的刺威猛强大，色彩绚丽，富有阳刚之美，刺是这类植物的主要观赏点，全属约23种，其他还有神仙玉、刈惠玉、赤凤、翔阳玉等。

宝山（*Rebutia minuscula*）也称子孙球，为宝山属（子孙球属）植物。植株容易形成大群生。球体绿色，扁球形，有细小的螺旋状疣突。花红色，漏斗状，盛开于球体的中下部。有斑锦、缀化等变异品种。此外，还有橙红子孙球等种类。

▲ 宝山

乳突球 为乳突球属（*Mammillaria*）植物的总称。植株不大，呈球形至短圆筒状，单生或群生。有些种类还具有肉质根，没有棱，被排列规则的疣突所包围，刺座生于疣突顶端。花生于疣的腋部。

乳突球种类繁多，有不少种类开花鲜艳，

花朵硕大，花色丰富，而且容易开花，花期长，玩家称这类以观花为主的乳突球谓之“美花乳突球”。有丽光殿、富贵丸、芳香球、优婉丸、蓬莱宫、白百合、舞姬、月影丸、松针牡丹、金星等种类。

▲ 白百合

▲ 优婉丸

▲ 月影丸

▲ 丽光殿

▲ 蓬莱宫

▲ 富贵丸

▲ 松针牡丹

还有有些种类的乳突球刺极具特色，有的刺紧紧贴在球体上，将球体包裹着，像白鸟、春星、羽毛球、克氏球、佩雷等；还有些种类的刺呈细毛状，看上去球体就像一团棉花，像白星、高砂等，玩家称这类乳突球为“美刺乳突球”。

▲ 白星

▲ 白鸟

▲ 羽毛球

▲ 羽毛球

▲ 克氏球

▲ 佩雷

▲ 高砂之翁

月之童子（*Sclerocactus papyracanthus*） 白虹山属植物。植株柱状，单生，其最大的特色

◀ 月之童子

是纸质刺，刚刚长出的新刺是红褐色，逐渐变成褐色，覆盖着整个植物的顶部。花白色至浅黄色，钟形。

毛花柱（*Trichocereus pachanii*） 毛花柱属植物。植株呈矮性圆柱状，分枝在基部，棱多，花生于茎的上侧，大型，钟状至漏斗状，有白、红、黄等颜色。其杂交种很多，其中的飞碟为仙人球与毛花柱的杂交种。其植株呈柱状，花瓣平展，呈碟状，花色以红色为主，兼有粉红等其他颜色，具有花朵硕大、开花量大等特点。

▲ 毛花柱

荷花柱（*Arthrocereus rondonianus*） 关节柱属植物。易群生，肉质茎圆柱形，刺黄色。花萼淡黄色，花瓣白色或粉红色。

▲ 荷花柱

猴尾柱（*Hildewintera colademononis*） 仙人掌科管花柱属植物。肉质茎细长，下垂生长。软质刺，白色，浓密，看上去酷似某种动物的尾巴。花红色，在适宜的环境中从4至10月都可开放。

猴尾柱原产玻利维亚，喜温度干燥和阳光充足的环境，夏型种。繁殖用扦插、播种、分株、嫁接均可。

▲ 猴尾柱

附生类仙人掌 是指原产热带雨林边缘地带的仙人掌类植物，在原产地，它们

▲猿恋苇

附生在乔木的树干、枝杈以及岩石上，具扁平或有棱的茎节。常见的有令箭荷花、昙花、蟹爪兰、仙人指、假昙花、落花之舞、猿恋苇、窗之梅、鼠尾掌等种类。

▶蟹爪兰锦

▶落花之舞

块根类

根类多肉植物以植株基部膨大的茎基（俗称“块根”）为主要看点，其种类丰富，形态富于变化，大部分种类生长缓慢。

韧锦（*Anacampseros quinaria*） 马齿苋科回欢草属多肉植物。植株具不规则的根状茎，表皮褐色，下端有细根，顶端丛生有细小的枝条，细枝上包裹着白中透绿的鳞片状小叶。花朵梅花形，生于细枝的顶端；花蕊较长，往往超过花瓣，顶端有金黄色的花药；花瓣绢质，白色；通常在阳光充足的傍晚开放，日落闭合，每朵花的寿命仅有 1 ~ 2 小时或更短，若遇阴雨天或栽培环境光照不足则难以开放，花期 5 ~ 7 月。另有红花韧锦，花深粉红色。

原产南非，喜凉爽、干燥和阳光充足的环境，耐干旱，怕积水，也怕闷热潮湿，稍耐寒。宜用排水良好的颗粒土加少量的草炭或泥炭等营养土栽种，种植不宜过深，夏季需适当遮阴。常用播种繁殖。

▲白花韧锦

▲ 红花韧锦

▲ 银蚕

同属中近似种还有妖精之舞、群蚕、银蚕、雪嫦娥（也称白蛇殿）、白鳞龙、砂蜘蛛等，其共同特点是植株具肥大的肉质短茎，茎顶有分枝，分枝细圆柱形，表面密被鳞片样纸质、白色小叶。但根据品种的不同，其分枝数量的多少以及粗细、长短和颜色有所差异。

龟甲龙（*Dioscorea elephantipes*） 也称南非龟甲龙，为薯蓣科龟甲龙属茎干状多肉植物。植株具半圆球形茎干，最大直径可达 1 米，其表面有很厚的、龟裂成瘤块状的木栓质树皮。茎干顶部簇生细而长、缠绕生长的蔓生茎。叶互生，心形或肾形。总状花序，小花黄绿色，雌雄异株。种子羽状翼很宽。

龟甲龙是茎干类多肉植物的代表种，不同植株间的品相有着很大的个体差异，以裂纹较深、龟甲凸起较大者为上品。

龟甲龙原产非洲南部，冬型种多肉植物。多用播种繁殖。

▲ 龟甲龙

墨西哥龟甲龙（*Dioscorea macrostachya* 或 *Dioscorea mexicana*） 形态与龟甲龙近似，其叶较大，先端细长而尖锐。夏型种多肉植物，习性与南非龟甲龙相反，在夏秋季节生长，冬天休眠。

▲ 墨西哥龟甲龙

▲ 墨西哥龟甲龙

山乌龟（*Stephania erecta*）为防己科千金藤属多年生藤本块根类多肉植物。植株具硕大的肉质块根，其直径在30厘米以上，形状以不规则的圆形为主，表皮灰褐色，稍粗糙。藤茎由块根顶部的芽眼长出，长达数米，攀缘或缠绕生长，叶互生，近似于盾状着生，有长柄，叶纸质，宽卵形或卵形，绿色。花单性，雌雄异株，复聚伞花序腋生；小花绿色，5 ~ 7月开放。核果卵形，8 ~ 10月成熟后为红色。同属中近似种有金不换、千金藤等。

山乌龟为夏型种多肉植物，以播种繁殖为主。

白蔹（*Radix ampelopsis*） 也称山地瓜、猫儿卵、鹅抱蛋、见肿消、穿山老鼠，为葡萄科蛇葡萄属多年生半木质藤本攀缘植物。植株具粗壮的肉质块茎，呈纺锤形或长卵形，常数个聚生一起，表皮棕色至黑色，生长旺盛时露出土面部分的表皮有片状剥落。藤茎长2 ~ 3米，有分枝。叶与卷须对生，掌状复叶。聚伞花序，总花梗长，常缠绕，小花黄绿色，6 ~ 7月开放。果实球形或肾形，8 ~ 9月成熟后蓝色或白色，表皮有针孔状凹点。

白蔹为夏型种多肉植物，可播种或分株繁殖。

▼ 白蔹

▲ 山乌龟

惠比须笑（*Pachypodium brevicaule*） 为夹竹桃科棒槌树属植物。植株无明显的茎干，肉质块状茎呈扁平不规则的生姜状，表皮黄褐色或灰褐色。叶片数枚，丛生于块状茎的顶端，叶色青绿，广披针形，长 2 ~ 3 厘米，全缘。花由叶丛中抽出，漏斗形，为鲜亮的柠檬黄色，花期 12 月至翌年的 4 月。果荚细长，高高翘起，而且常常成对生长，像天线，又像某种动物的犄角。杂交种有惠比大黑。

惠比须笑为夏型种多肉植物，可播种或嫁接繁殖。

▲ 惠比须笑

▲ 惠比大黑

沙漠玫瑰（*Adenium obesum*） 也称天宝花、胡姬花，在欧美还称为沙漠杜鹃，为夹竹桃科沙漠玫瑰属多肉植物。株高 2 米左右，茎粗壮，多分枝，呈灌木状。叶绿色，有光泽，有些品种叶面上还有黄色斑纹。花喇叭形，红色至粉红色，花期春秋季节。此外，还有多花沙漠玫瑰（也叫英帕拉百合），花多而密集，白色，边缘鲜红色；白花沙漠玫瑰，花白色；索马里沙漠玫瑰，叶蓝绿色，花淡红色。近年来，欧美的园艺工作者通过杂交育种等技术，培育出许多优良的沙漠玫瑰品种，其特点是花期越来越长，花色也越来越丰富，花朵也更大，并有重瓣花。

沙漠玫瑰为夏型种多肉植物，可播种或扦插、嫁接繁殖。

▲ 沙漠玫瑰

▲ 加花土参

加花土参（*Talinum caffrum*） 也称草火花、黄花马齿苋，为马齿苋科土人参属多肉植物。植株具肥硕的块根，其表皮灰色，茎生于块根顶端，稍直立，绿色。叶互生，叶片长条形或倒卵形，质厚，全缘，深绿色。花生于叶腋，多为单生，明黄色；通常在光照充足的午后开放，傍晚闭合，单朵花只能开放小半天，但每天都有新的花朵开放。花期5 ~ 10月。可以自花授粉，蒴果，内有细小的黑色种子。

加花土参为夏型种多肉植物，可播种繁殖。

大苍角殿（*Bowiea volubilis*） 为风信子科苍角殿属多肉植物。鳞茎圆球形，表皮浅绿色，有光泽。幼年期每年的春季先由球茎顶部长出一对细长的对生叶，然后再长出细长的绿色藤茎并缠绕攀缘生长，枝条上有细小的绿色线形

▲ 加花土参的花

▲ 大苍角殿

鳞片状叶，但早脱落。小花白绿色，雌雄异株。同属中近似的有鹿角苍角殿等。

大苍角殿原产非洲南部，夏型种多肉植物，可用播种或鳞片扦插繁殖。

丝叶苍角殿（*Schizobasis intricata*） 也称发丝苍角殿，为风信子科 *Schizobasis* 属多肉植物。鳞茎小球形，灰绿色，在阳光充足的环境中呈紫红色，有光泽。小花白色，可自花授粉结子。

丝叶苍角殿原产非洲南部，冬型种多肉植物，可播种或分株繁殖。

▲丝叶苍角殿

弹簧草（*Albuca namaquensis*） 也称螺旋草，风信子科哨兵花属鳞茎类多肉植物。叶扭曲盘旋生长，形似弹簧；有些品种叶上还有白色毛刺，谓之“毛叶弹簧草”。总状花序，小花下垂，花瓣正面淡黄色，背面黄绿色。花期 2 ~ 4 月。弹簧草为冬型种多肉植物，可播种或分株繁殖。

▶弹簧草

▲T 属弹簧草

小贴士

广义上的“弹簧草”概念

在多肉植物中，有很多种类的叶子像弹簧草这样扭曲盘旋生长，玩家把这类植物统称为“弹簧草”，这就是广义上的“弹簧草”概念。涵盖了风信子科、石蒜科、鸢尾科等的几十种植物。这些植物基本特点是植株具鳞茎或粗壮的肉质根，叶子卷曲生长，其宽窄和卷曲程度有所差异，休眠期叶子干枯。其中的 G 属弹簧草就是玩

家对石蒜科 *Gethyllis* 属多肉植物的统称，其鳞茎埋藏于地下的，地上部分的叶子卷曲或盘旋，叶形也有很大差异，有些种类叶上还有白色的毛或刺。G 属弹簧草的主要产地是南非，不易出仔球，多用播种的方法繁殖。种植时要浅埋鳞茎。其根系也比较脆弱，定植后切忌经常移植或翻盆。T 属弹簧草则是对 *Trachyandra* 属植物的统称。还根据叶子的卷曲程度，形象地分为“钢丝弹簧草”“方便面弹簧草”“宽叶弹簧草”“硬叶弹簧草”“蚊香弹簧草”“海带弹簧草”等。

此外，还有一种螺旋灯心草（*Juncus effuses* ‘Spiralis’），为灯心草科灯心草属多年生草本植物。叶子螺旋扭曲，没有鳞茎，通常不将其列为“弹簧草”的范畴。

▲G 属弹簧草

宽叶弹簧草（*Ornithogalum concodianum*）也称逸草，为风信子科虎眼万年青属鳞茎植物。植株具圆球状鳞茎，其表皮露出土面部分为绿色，叶长条形，先端尖，扭曲向上生长，总状花序，花朵白色至淡黄色，中央有绿色条纹，花期 2 ~ 4 月。

根据叶子的卷曲程度有“发卷”“特卷”等类型，其卷曲程度越高，观赏价值也就越高。需要指出的是，宽叶弹簧草叶子的卷曲程度除

◀宽叶弹簧草

了品种外，还与栽培环境有着很大的关系，在阳光强烈而充足、昼夜温差大、稍微干燥的环境中卷曲程度最高。

宽叶弹簧草原产南非，冬型种多肉植物，可播种或分株繁殖。

卷叶垂筒花（*Cyrtanthus spiralis*） 也称火烧百合，为石蒜科垂筒花属植物。鳞茎球形，外被褐色膜。叶绿色，3~5 枚，带状，盘旋生长。花橙红色，筒状，下垂，多在夏季开放，其他季节也能开放。

垂筒花属植物很多，但叶子卷曲生长的却不多，仅有 3~4 种，本种是卷曲程度最高、叶子最宽的种类。此外，还有（*C.smithiae*），其花为白色，花型较大；*C.obliqus* 的花为橙红色，先端为绿色。

卷叶垂筒花原产南非，夏型种多肉植物，播种或分株繁殖。

▼ 卷叶垂筒花

徐福之酒瓮（*Adenia glauca*） 也称幻蝶蔓，为西番莲科阿丹藤属植物。膨大的基部上部呈绿色，下半部呈土黄色，看上去很像一个酒瓮。叶掌状，具深裂。同属中的刺腺蔓、球腺蔓等种类也见于栽培。

徐福之酒瓮为夏型种多肉植物，可播种繁殖。

▲ 徐福之酒瓮

椭叶木棉（*Bombax ellipticum*） 也称绿背龟甲、龟纹木棉、足球树，为木棉科木棉属落叶植物。茎基部膨大，呈圆形、椭圆形或其他不规则形状；肉质，贮藏有大量的水分；外皮灰色，分布有浅绿色龟裂纹；枝干绿色，有分枝。掌状复叶互生，绿色，有明显的叶脉，冬季休眠期叶片脱落。花白色或紫红色，花丝很长，春末夏初开放。蒴果较大，长椭圆状。

椭叶木棉原产美洲的墨西哥，夏型种多肉植物。栽培中当枝干生长过高时，可将其顶部砍去，以促使其萌发新的枝叶，这样既能保持株型的美观，又能促进茎基的膨大发育（这是该种植物的主要观赏部位）。可播种繁殖。

▲ 椭叶木棉

断崖女王（*Rechsteineria leucotricha*） 也称月宴，为苦苣苔科月之宴属植物。植株具球状或甘薯状肉质茎，其表皮呈黄褐色，有须根。顶端簇生茎枝。叶片椭圆形或长椭圆形，交互对生，茎、叶均密生厚实的白色茸毛。花生于枝的顶端，数朵群聚开放，橙红色或朱红色，外被白色茸毛。同属中的白花断崖女王（也称白香岩），也常见栽培，其植株较高，叶子上的白毛较为稀疏，花白色。

夏型种多肉植物，可播种繁殖。

▲ 断崖女王

黑皮月界（*Sarcocaulon multifidum*） 也称黑罗莎，为牻牛儿苗科龙骨葵属植物。植株呈小灌木状，高 20 厘米左右。肉质短茎带刺，半直立或匍匐生长，枝杈较矮，树皮蜡质，透明。叶卵形，有茸毛。花瓣白色或粉色。同属中近似的有白皮月界（*S. peniculinum*），枝干无刺，但拥有两排具短柄的叶子，叶片宽卵形至椭圆形，花瓣玫瑰红色至粉红色。其中的白皮月界因稀有而价格相对昂贵。

月界原产非洲的纳米比亚、安哥拉、南非，冬型种多肉植物。可播种繁殖。

▲ 黑皮月界

布鲁牵牛（*Ipomoea bolusiana*） 为旋花科番薯属（某些分类系统将其归位牵牛花属）植物。植株具硕大的块状根，其直径可达20厘米，表皮红褐色，有不规则的浅裂纹。藤茎长2～3米。叶线形。花粉红色，中心部位颜色较深。同属中还有合鲁牵牛、蓝花牵牛、螺旋牵牛等，因其都具有肥大的块根，故玩家把这类植物统称为“块根牵牛”。

布鲁牵牛原产马达加斯加岛，夏型种多肉植物，常用播种繁殖。

▲合鲁牵牛

▲布鲁牵牛

蛮鬼塔（*Othonna herrei*） 为菊科厚墩菊属植物。茎干深褐色，光亮，有不规则的瘤状突起。叶灰绿色，夏季高温季节脱落，花黄色，春季开放。同属中近似种有黑鬼殿（*Othonna euphorbioides*）。

蛮鬼塔原产南非和纳米比亚，冬型种多肉植物，夏季休眠时叶子干枯脱落。可播种繁殖。

▼蛮鬼塔

▲黑鬼殿

刨花厚墩菊（*Othonna retrorsa*） 为菊科厚墩菊属植物。主茎球形，叶剑形，夏季休眠时叶子虽然枯萎，但不脱落，而是就像一团刨花似的东西包裹着在主茎上。花黄色，春季开放。

刨花厚墩菊为冬型种多肉植物。播种繁殖。

▲刨花厚墩菊

龟甲萝藦（*Matelea cyclophylla*） 为萝藦科萝藦属植物。具肥硕的“块根”，其表面有类似龟甲的裂纹。花五星状，黑褐色。

龟甲萝藦为夏型种多肉植物，可播种繁殖。

▲ 龟甲萝藦的根茎

▲ 龟甲萝藦的花

其他科属选粹

泥鳅掌（*Senecio pendulus*） 也称地龙、初鹰，为菊科千里光属多肉植物。肉

▲ 普西丽菊

▲ 泥鳅掌

质茎圆筒形，两头尖，灰绿或褐绿色，有深色线状条纹。叶线状，早枯，但不脱落，而是像小刺那样宿存在肉质茎上。总梗上有头状花序，花橙红或血红色。同属中近似种有普西丽菊。

泥鳅掌为中间型多肉植物。可扦插繁殖。

绿之铃（*Senecio rowleyanus*） 又名绿铃、翡翠珠、绿串珠、一串珠、项链掌，为菊科千里光属植物。茎极细，一般匍匐生长，若悬垂吊挂茎则伸长下垂。叶肉质，圆珠形，有微尖的刺状突起，叶色深绿或淡绿，上有一条透明的纵条纹。头状花序，小花白色带有紫晕，多在秋冬季节开放。变种有绿之铃锦，近似种有弦月（香蕉掌）、大弦月、京童子等。

绿之铃为中间型多肉植物。可扦插繁殖。

▲绿之铃

新月（*Senecio scaposus*） 又名银棒菊，为菊科千里光属多肉植物。植株具短茎。肉质叶轮生，呈低矮的莲座状排列；叶片直立或匍匐生长，呈棍棒状，稍扁平，顶端尖，长 7 ~ 8 厘米；叶表绿色，被有一层浓厚的细密白毛，因此看上去叶片常呈银白。近似种有银月。

新月产于南非，冬型种多肉植物，可播种或分株繁殖。

▲ 新月

丽钟阁（*Tavaresia grandiflora*） 也称丽钟角，为萝藦科丽钟角属多肉植物。植株丛生，肉质茎圆柱状，深绿色；高 20 厘米左右；棱上密生紫色小疣突，疣突先端有 3 根刚毛状刺，近白色，其中的两根呈“八”字形分开。花生于嫩茎的基部，1 ~ 4 朵集生，花朵大漏斗形，土黄色或黄绿色，有红褐色斑纹，夏秋季节开放。

丽钟阁原产南非，夏型种多肉植物，可播种、分株或扦插繁殖。

▼ 丽钟阁

拟蹄玉（*Pseudolithos migiurtinus*） 也称凝蹄玉，为萝藦科拟蹄玉属多肉植物。肉质茎卵圆形，也有些植株呈明显的四棱形，表皮有密集的瘤状突起；其颜色随光照强度的不同而有所变化，在光照柔和之处成浅绿色，随着光照的增强逐渐呈灰绿、橄榄绿，直至红棕色、红褐色。

拟蹄玉原产索马里，夏型种多肉植物，可扦插或播种繁殖。

▲ 拟蹄玉

夜犀角（*Stapelia berlindensis*） 为萝藦科国章属（豹皮花属）植物。肉质茎

▼ 夜犀角

柱状，绿色，边缘有齿。花大型，黑色花瓣稍向后翻卷。

夜犀角为夏型种多肉植物，可扦插、分株或播种繁殖。

海马（*Stapelianthus madagascariensis*） 萝藦科毛茸角属多肉植物。肉质茎有分枝，绿色，在光照充实而强烈时呈粉褐色。花星状，形似梅花，浅黄色，有刺毛，花瓣有褐色斑点。夏秋季节开放。

▲海马

◀心叶球兰

心叶球兰（*Hoya kerrii*） 也称心叶毬兰、凹叶球兰，为萝藦科球兰属藤蔓类多肉植物。藤茎蔓生，长达3米，节间有气生根，可附着在其他物体上生长。叶对生，叶柄短粗，叶肉质，深绿色，心形，先端凹，基部尖或钝圆。伞状花序腋生，20朵左右的小花聚成半球状花序；花蜡质，花冠乳白色，辐射状，副花冠星状，咖啡色，具芳香。花期夏、秋季节。斑锦品种心叶球兰锦叶片上有金黄色斑纹。

为夏型种多肉植物，可用扦插或播种繁殖。

球兰属植物原产亚洲的热带及亚热带地区，太平洋诸岛也有分布，已发现的有200种以上，尚不包括变种和园艺种，而且还有新品种不断被发现。花序呈球状，花朵虽然不大，但色彩丰富，不少品种还有幽幽的香味。叶形有心形、桃形、卷曲、线形、琴形等多种形状，叶色除了绿色外，还有白、粉红、黄、古铜等多种颜色，甚至一片叶子也会有不同的颜色，叶质的厚薄也有很大差异，只有心叶球兰、卷叶球兰等少数叶质肥厚的种类才作为多肉植物栽培。

心叶球兰为夏型种多肉植物，可播种或扦插繁殖。叶插虽然能生根，但很难出小苗。尽管如此，扦插成活的叶片由于有充足的养分供应，能够长时间存活，可做小盆栽观赏。

▲ 叶插的心叶球兰锦

塔椒草（*Peperomia columella*） 为胡椒科豆瓣绿属（也称椒草属）多肉植物。株高约5厘米，直立生长，易丛生。肉质叶轮生，排列紧凑，叶片绿色；正面心形，稍透明，背面圆凸，颜色稍浅。同属中的多肉植物还有斧叶椒草、红背椒草、柳叶椒草等品种。

塔椒草为中间型多肉植物，主要生长季节集中在春、秋季节。常用扦插繁殖。

▲ 红背椒草

▲ 塔椒草

玉翡翠（*Bulbine mesembryanthoides*） 为风信子科鳞芹属多肉植物。植株无茎，初为单生，以后逐渐为群生状。肥大的肉质根有分枝。肉质叶长梭形，呈莲座状排列；翠绿至浅绿色，半透明，在强阳光下叶尖常枯萎，形成端面，叶色也略带粉红色。总状花序，小花黄色；春末夏初开放，每朵花只开一天，但花期内几乎每天都有新的花朵绽放，整个花期可持续20～40天。同属中的佛座箍、块根寿、鳞芹以及环尾狐猴等也见于栽培。

玉翡翠原产南非，为冬型种多肉植物，可播种或分株繁殖。

▼ 玉翡翠

▼ 块根寿

▼ 鳞芹的花

亚龙木（*Alluaudia procera*） 又名大苍炎龙，为龙树科亚龙木属常绿灌木或小乔木。肉质茎灰白色，具细锥状刺。肉质叶长卵形至心形，常成对生长。同科中的魔针地狱、马达加斯加龙树等也常见于栽培。

亚龙木原产马达加斯加岛，夏型种多肉植物，扦插或播种繁殖。

▲ 亚龙木

光堂（*Pachypodium namaquanum*） 又名棒槌树，为夹竹桃科棒槌树属植物。肉质茎不分枝，密生5厘米长的刺。生长期茎顶端簇生长卵形叶，叶绿色，中脉明显，叶缘波浪形。花着生于叶腋部，花瓣黄色，有红褐色茸毛。

光堂原产纳米比亚，旱季叶片脱落，生长停滞。可播种繁殖。

▲ 光堂

棕榈酢浆草（*Oxalis palmifrons*） 为酢浆草科酢浆草属草本植物。植株具肉质小球根，其外皮黑褐色。具长长的叶柄，由20枚左右的小叶组成掌状叶；小叶排列密集，基部联合，形似棕榈叶；叶绿色，在冷凉和阳光充足的环境中则呈红褐色。花单生，单瓣，白色或淡粉红色。同属中比较有特色的种类还有爪子酢浆草、双色冰淇淋、黄麻子等。

棕榈酢浆草为冬型种植物，可播种或分球根繁殖。

▲ 棕榈酢浆草

盆景篇——美之品

玩多肉植物，不仅可以从收集品种中获得乐趣，而且还可换一种玩法：用其制作盆景、盆艺作品，以表现大自然的丰富多彩，营造心目中的美景，实现自己的梦想，增加乐趣。制作此类盆景、盆艺对植物品种要求不高，很多常见的“普货”经过精心设计，都能够做成或清新、或时尚、或隽永、或古雅等不同风格的艺术品。

大自然的缩影——盆景

小人祭

盆景素有“无声的诗，立体的画”之美誉，它以植物、山石、盆钵为载体，利用其特有的技法，营造出那清新雅致、充满诗情画意的意境。好的盆景如诗如画，如梦如幻，承载着“追求人与自然和谐，生活恬淡安逸”的理想，观后能与之产生共鸣。

盆景，是大自然的浓缩，是大自然的精华，是大自然的艺术化再现，能够在有限的容器内，展示大自然的无穷魅力，超越了空间的限制。它，让我们展开自由的翅膀，使梦想尽情地飞翔，以盆景的形式打造出梦想中完美境界。

多肉植物形态千变万化，就拿叶色来说吧，除了常见的绿色外，还有红、黄、紫等多种颜色，甚至一片叶子上也能呈现出不同的色彩，而且具有繁殖容易、萌发力强、耐修剪、耐干旱，养护简单等优点，是很值得开发的盆景材料。

由于大多数种类的多肉植物植株不大，最适合制作中小型，甚至微型盆景。多肉植物植株容易老化，不能像松柏类植物那样，能够存活数十年，数百年，甚至上千年，但盆景独特的风采还是令人耳目一新。而且，多肉植物生长迅速，移栽容易成活，可经常换盆更改造型，使之常看常新。

落日之雁盆景——牧归

选材

制作盆景的多肉植物要求植株有明显的主干，有分枝，习性强健，好养易繁殖。常用的有景天科的花月（包括其变种筒叶花月、姬花月、黄金花月、落日之雁、三色花月、宇宙木等）、久米之舞、红稚莲、蓝豆、红化妆、红炎辉、锦晃星、球松、小人祭、白牡丹，番杏科的姬红小松、紫晃星，马齿苋科的玉叶，大戟科的皱叶麒麟，仙人掌科的山影拳等种类。总之，只要能够以小见大，表现大自然美景的多肉植物都可用来制作盆景。

黄金花月盆景

通常以扦插繁殖的方法获取材料，一般在生长季节进行，剪取健壮充实的枝条，晾 3 ~ 5 天，等伤口干燥后，扦插于排水良好的土壤中，以后只要保持稍微湿润，就很容易生根成活，成活后注意栽种的角度，使之疏影横斜，并注意修剪，及时剪去造型不需要的枝条，以确保养分供给所要保留的枝条，使其生长健壮。此外，也可到多肉植物生产大棚或花市寻找那些生长多年、形态苍老的老桩，用来制作盆景。

常用植物

球松

球松（*Sedum multiceps*）也称小松绿，为景天科景天属多肉植物。

形态特征 植株低矮，多分枝，株型近似球状。老茎灰白色，新枝浅绿色，以后逐渐转为灰褐色。肉质叶近似针状，但稍宽，长约 1 厘米，簇生于枝头，绿色。老叶干枯后贴在枝干上，形成类似松树皮般的龟裂，很久才脱落，露出光滑的肉质茎。小花黄色，星状。

盆景造型 球松植株小巧，株型紧凑，枝叶青翠，层次分明，最适合表现松树郁郁葱葱、生机盎然的风采，而表现松树的苍劲古朴就有点逊色了。因枝条较脆，容易折断，故其造型方法以修剪为主。采用蟠扎的方法造型时，应事先进行控水，使枝条变得较为柔韧时再进行，以免将枝条折断。

球松盆景常见的形式有丛林式、水旱式、微型盆景三种类型。

（1）丛林式球松盆景：将数株球松合栽于一盆，制成丛林式盆景，其花盆宜采用中等深度的长方形或椭圆形花盆，栽种时注意前后的搭配和左右的位置，并使其高低错落。栽好后进行一次细致的修剪，剪去重叠、交叉的枝条，使其疏密得当，层次分明。最后在盆面点石，栽种小草，做出自然起伏的地貌形态。对于一些生长多年的植株，可通过修剪的方法，使其形成明显的主干。需要指出的是，小松绿的枝干较细，应注意控制植株的高度，使其枝、干之间比例自然协调。

由于球松植株低矮，摆放普通亭子、马、人物之类的盆景配件，会使主体植物显得非常小，不能以小见大，表现出苍松的伟岸之态。因此，若没有比例合适的盆景配件，干脆不放配件，以免画蛇添足，影响总体效果；只需用小草、石块等做出自然的地貌形态即可。

丛林式球松盆景

（2）水旱式球松盆景：其制作方法基本与丛林式球松盆景相似，只不过要选用椭圆形或长方形白色汉白玉花浅盆，用白色的盆面代替水面，犹如国画中的留白，并在合适的位置摆上小船，以使画面生动活泼，具有诗情画意。

水旱式球松盆景

（3）微型球松盆景：球松植株玲珑秀美，扦插容易成活，可选择其形态佳的植株稍做修剪，直接植于微型紫砂盆中，做成直干式、斜干式、悬崖式、临水式等不同的造型，然后在盆面点缀小石、绿苔等，就成为一件苍翠精致的小盆景了。

▲微型球松盆景 1

▲微型球松盆景 2

此外，由于球松植株矮小、株型紧凑，耐干旱，还是很好的山水盆景点缀植物，可种植于山石缝隙等处，能以小见大，衬托山势的雄伟高大。

球松虽然不是真正的松树，但用其制作盆景，多模仿松的神韵，因此应以大自然中的松树形态为蓝本，并参考国画、摄影等艺术作品中的松树，制作出“源于自然，又高于自然”的盆景，以表现松树苍劲挺拔，生机盎然的风韵。

养护管理 球松原产北非的阿尔及利亚，喜凉爽干燥和阳光充足的环境，耐干旱，怕积水和酷热。制作好的盆景可放在光照充足之处养护，如果阳光不足，会使植株徒长，叶与叶之间的距离拉长，失去紧凑秀美的株型，严重影响观赏。而在阳光充足之处生长的植株，枝叶短而紧凑，更具松树那种坚贞挺拔的韵味。浇水掌握“宁干勿湿”的原则，避免长期积水，以免造成烂根。为了保持盆景形态的优美，养护中一般不必另外施肥。

夏季高温时球松处于休眠状态，植株生长停滞，可放在通风良好的半阴处养护，注意控制浇水，防止雨淋，尤其是避免长期雨淋，避免闷热的环境，以防植株腐烂。到秋凉后，植株开始生长后再恢复正常的管理。冬季移入室内光照充足的地

▼球松山水盆景

方，控制浇水，使植株休眠，能耐0℃，甚至更低的温度。只要温度不低于5℃，并有一定的昼夜温差，植株就可正常生长。每年的秋季换盆一次，盆土要求疏松透气，具有良好的排水性，可用园土、沙土、炉渣等材料混合配制，换盆时将过长的老根剪短，以促发健壮的新根。

球松的萌发力强，容易萌发侧枝，养护中应注意修剪，及时剪去过密、过乱的枝条，尤其是基部的新枝，以保持盆景的疏密得体，自然美观，并培养出独立的树干。对于修剪下来的枝条，可作为插穗，晾1～3天，等伤口干燥后进行扦插繁殖。除盛夏高温季节外，不论插穗长短，都很容易成活。此外，球松的花并不是主要观赏对象，因此出现花序后要及时剪掉，以免消耗过多的养分，影响植株生长；若不剪除花序的，影响严重的可造成夏季休眠季节死亡。

花月

花月(*Crassula portulacea*)为景天科青锁龙属多肉植物。

品种特征 植株呈灌木状，多分枝。肉质茎粗壮，表皮灰白色或浅褐色。肉质叶肥厚，匙形至倒卵形，叶色深绿，有光泽，有些品种叶缘呈红色。变种或近似种有肉质叶呈筒状的筒叶花月；叶片较小，在阳光充足的环境中呈红褐色的姬花月；叶色黄中透绿的黄金花月；绿色叶面上有白黄红三种颜色的三色花月锦；叶色黄绿相间的新花月锦、落日之雁以及燕子掌、玉树、宇宙木、蓝鸟等。

盆景造型 花月盆景的造型可根据植物的特性和树桩形态，制作丛林式、直干式、斜干式、临水式、悬崖式、文人树等多种形式的盆景，也可表现国外沙漠、山野等处的植物生态景观，以展现大自然的多样性。造型时应根据植物本身的特点，结合盆景技法，扬长避短，制作出独特风格、自然大气的盆景。因其叶片大而肥厚，其树冠不必加工成馒头形、云片式等常见的造型，可利用其自然属性，加工得错落有致，疏密得当，最大限度地保留植物自身的特点。由于其枝条较脆，很容易折断，造型方法应以修剪为主，蟠扎、牵拉为辅，使之和谐自然，牵拉时应让植株干旱几天，使得枝条较为柔软时再进行，以免折断。

制作好的花月盆景可在盆面点石，做出自然起伏的地貌，并用习性与之相近的小型多肉植物作为铺面植物，常用的有佛甲草、薄雪万年草、姬星美人等。

下面就以花月中的变异品种落日之雁为例，看看其盆景的制作成型过程。

扦插成活的落日之雁

▲ 经过数年的生长，当初的小苗已经长大

▲ 修剪后移至较大的瓦盆内

▲ 盆景已经基本成型

养护管理 花月喜温暖干燥和阳光充足的环境，耐干旱，耐贫瘠，不耐寒，怕积水。制作好的盆景在3月底至11月初可放在室外阳光充足、通风良好的地方养护，即便是盛夏高温季节也不必遮光，这样有充足的阳光，较大的昼夜温差，流通的空气，可以使其叶色靓丽美观，具有较高的观赏性。生长期保持土壤湿润，不要长期被雨淋，以免因土壤积水，造成根、茎腐烂。春秋季节的生长旺季，每月施一次腐熟的稀薄液肥，以促进植株生长，夏季高温和冬季低温时要停止施肥。冬季置于光照充足之处，注意控制浇水，使植株休眠，能耐0℃左右的低温。

花月盆景的整形多在生长季节进行，剪除影响树形的枝条和新芽。需要指出的是，花月的叶子较大，在整个盆景中起着较为重要的作用，整形时应注意取舍，以保持盆景的美观。剪下来的枝条和叶子都可以作扦插繁殖的材料。

翻盆可在春季或秋季进行，土壤要求疏松透气，具有良好的排水性，可用炉渣、园土、蛭石或沙子、腐叶土或草炭土等材料的混合土。采用“湿土干栽”的方法上盆，即用潮湿的土壤栽种，栽后不要立即浇水，等过2～3天后浇一次水，以后保持土壤湿润，避免积水，以利于根系的恢复。

创意盆景示例 以下就以花月为基本材料制作的盆景作品做简要的创意说明。

作品名称：疏林春韵

选用植物：筒叶花月、薄雪万年草

创意说明：作品采用中国盆景中的丛林式造型，其枝干线条明朗流畅，叶片清秀，表现了春天的勃勃生机，颇有“小清新”之感。由于盆景不大，就没有摆配件，否则会使盆景过于拥挤，有画蛇添足之嫌。

▲ 疏林春韵

作品名称：洒脱

选用植物：黄金花月、薄雪万年草

创意说明：该作品采用文人树造型与丛林式造型相结合的形式，以高耸、清雅、洒脱、简洁的韵味，表现出孤高自傲，清丽潇洒，极致张扬的文人个性，其枝叶疏朗、数片金叶令人回味。

洒脱

作品名称：金色年华

选用植物：黄金花月、薄雪万年草

创意说明：作品采取丛林式造型，制作时先剪去多余的枝条，盆面点缀以青石、薄雪万年草、佛甲草等植物，其错落有致，层次分明，富有自然野趣。

如果制作完工的盆艺叶子太多，缺乏通透感，可摘去部分叶子，效果就好多了。

金色年华

玉叶

玉叶（*Portulacaria afra*），植物分类中的中名为马齿苋树，也叫树马齿苋、绿玉树、银杏木、公孙木、万寿莲、碧玉莲，在一些地方还被称为“小叶玻璃翠”，商品名“金枝玉叶”。为马齿苋科马齿苋树属植物。

玉叶

形态特征 植株呈灌木状。茎肉质，紫褐色至浅褐色；分枝近水平伸出，新枝在阳光充足的条件下呈紫红色，若光照不足，则为绿色。肉质叶倒卵形，交互对生，质厚而脆，绿色，表面光亮。

玉叶还有个斑锦变异品种，称雅乐之舞

(*Portulacaria afrafoliis-variegatis*)，其叶片大部分为白色、黄色，只有中央一小部分为淡绿色。其他特征与玉叶相同。

玉叶根系发达，树干古朴苍劲。枝叶稠密；叶片不大，但色泽翠绿，肥厚光亮。其枝条扦插繁殖容易成活，非常适合制作盆景，是为数不多的经常出现在各种专业盆景展中的多肉植物。

盆景造型 玉叶可根据植株的大小，制作大、中、小和微型等不同规格的盆景。其形式有大树型、斜干式、直干式、曲干式、悬崖式、丛林式、附石式等；树冠既可加工成规整的馒头形、三角形、云片式，也可加工潇洒的自然形。无论采用哪种形式都要注意其变化，做到层次分明，疏密得当。

造型时间多在生长季节进行，方法以修剪为主，蟠扎为辅。由于是肉质茎，蟠扎时不要将金属丝勒进其表皮，否则会造成肉质茎撕裂。玉叶的萌发力强，可根据造型需要进行重剪，将不需要的枝条全部除去（操作时最好用手撕掉，这样伤疤愈合后能形成自然的疤痕，看上去更具自然情趣），而剪下的枝条则可用于扦插繁殖。同时，可进行提根处理，使盆景悬根露爪，古朴苍劲，具有较高的观赏性。

雅乐之舞生长缓慢，常用玉叶的老桩做砧木进行嫁接，以获取古雅的树姿。其枝条扶疏，长枝稍微下垂；树冠多采用自然式，潇洒飘逸，疏密得当，很有特色。也可利用其叶片细小密集的特点，经常修剪，促发小枝，将树冠培养成紧凑的三角形或馒头形。

对于扦插成活的植株，可稍加蟠扎、修剪，栽于小盆中，并配以奇石，即成为玲珑可爱，精巧别致的微型盆景。

养护管理 玉叶喜温暖干燥和阳光充足的环境，耐干旱和半阴，不耐涝，也不耐寒。制作好的盆景在生长期要求有充足的阳光，可放在室外光照充足、空气流通之处养护，这样可使株型紧凑，叶片光亮、小而肥厚。但夏季高温时可适当遮光，以防烈日暴晒，并注意通风。在荫蔽处虽然也能生长，但茎节之间的距离会变长，叶片大而薄，且无光泽，观赏价值降低。生长期要避免盆土积水，否则会造成烂根。生长期每 15 ~ 20 天施 1 次腐熟的稀薄液肥或复合肥。因其萌发力强，应经常修剪、抹芽，以保持树形的优美。冬季放在室内阳光充足处，停止施肥，控制浇水，温度最好在 10℃以上；5℃以下植株虽不会死亡，但叶片会大量脱落。

▲ 绿树明珠

玉叶萌发力强，生长期随时剪去影响树形的枝条（剪掉的枝条可作扦插材料），以保持盆景的优美。每 2 ~ 3 年的春季翻盆 1 次，盆土可用中等肥力、排水透气性良好的沙质土壤。翻盆时剪除弱枝和其他影响树形的枝条，并剪去部分根系，剔除 1/2 ~ 1/3 的原土，用新的培养土重新栽种。

▶雅乐之舞盆景

薄雪万年草

薄雪万年草（*Sedum hispanicum*）也叫薄雪万年青，为景天科景天属多肉植物。

形态特征 植株具须根性。纤细的肉质茎匍匐生长，接触土壤即可生不定根。叶棒状，密集生长于茎的顶端；叶绿色或蓝绿色，表面有白粉，下部的叶易脱落；在阳光充足、冷凉，而且昼夜温差较大的环境中，植株呈美丽的粉红色。小花白色，夏季开放。园艺种有大薄雪万年草、金叶薄雪万年草、圆叶薄雪万年草、密生薄雪万年草、薄毛万年草（春之奇迹）等。

盆景造型 薄雪万年草是一种清秀典雅、富有野趣的小型多肉植物。因其耐旱性好，能够在土壤较少的地方生长，可用于点缀山石盆景或直接种植于山石上，其层次丰富，或如远观的微缩版针叶林，或像一道道绿色溪流跌宕于山壑之间，展示着不同的风采，给人以生机盎然的感觉；也可作为其他种类多肉植物盆景的盆面点缀植物，满盆翠绿，更是清雅宜人。

▲山水盆景《巫山云雨》

◀种植于山石上的薄雪万年草

◀《生机盎然》

松塔景天

松塔景天（*Sedum nicaeense*）为景天科景天属多肉植物。

形态特征 习性强健，耐干旱和寒冷的，园林中常做地被植物栽培，用于制作盆景野趣盎然。

盆景造型 从大面积种植的松塔景天中选择两丛大小不等松塔景天备用（制作步骤1、2）；准备一中等深度的长方形花盆，在花盆底部的排水孔垫上纱网，然后铺上培养土（制作步骤3）；两丛松塔景天栽种在花盆不同的位置，注意前后的错落，使其主次分明，富有层次感（制作步骤4）；在适宜的位置点缀石头和小草或其他种类的小型多肉植物，以增加野趣，使其效果更好。

制作步骤1

制作步骤2

制作步骤3

制作步骤4

制作完成的松塔盆景

说明 由于该盆景刚刚制作完毕，效果还不是太好，植物不够丰满健壮，也缺乏应有的层次感，尽管如此，其野趣盎然，以小见大的松林意境果已经展现出来，以后随着植物的生长，枝叶的繁茂，其效果会更好。

养护管理 其管理较为简单，平时宜放在阳光充足之处养护，不要浇水过多，以使其株型紧凑，一般情况下不要施肥。本种生长较快，应及时剪除影响造型的枝条（剪下的枝条可用于扦插繁殖），以保持盆景的疏朗大方；老株下部的叶片常常脱落，影响美观，应及时更新，重新布局栽种。

筒叶菊

筒叶菊（*Crassula tetragona*），景天科青锁龙属多肉植物。

形态特征 株型紧凑；多分枝；叶筒形，生于植株的上部。

筒叶菊四季常青，清秀典雅，养护、繁殖都很容易，可做成不同造型的小盆景。制作时既可单株成景，也可数株组合，并配以赏石或其他小摆件，以增加趣味性。

养护管理 筒叶菊习性强健，喜温暖干燥和阳光充足的环境，如果光照不足会造成植株徒长，造成株型松散，枝干细弱发脆，容易倒伏。最好放在南阳台、南窗台或飘窗等光照较为充足处养护，夏秋季节也可放屋顶、庭院等室外阳光充足处养护。家庭最好能多养几盆，做成不同的造型，轮流在室内陈设观赏，这样既能使其健壮生长，又照顾到了观赏的实用性。

对于成型的筒叶菊盆景宜保持盆土稍干，在室内摆放的植株更要控制浇水，以免因盆土积水造成烂根，并保持株型的美观。但也不能长期干旱，否则其下部叶片脱落，从而影响观赏效果。栽培宜用疏松透气、排水良好的沙质土壤，对肥水要求不高，栽培中一般不必另外施肥。

筒叶菊生长旺盛，萌发力强，栽培中应注意修剪整形，及时除去影响株型的枝条（剪下的枝条可用于扦插繁殖），以保持景观的自然清新。当觉得盆栽不合自己意思的时候，在生长季节可随时翻盆，重新组合栽种，组合时注意高低前后错落有致，疏密得体，使之协调自然。

筒叶菊盆景——向往

筒叶菊盆景——相伴

筒叶菊盆景——清高

筒叶菊盆景——野趣

夜叉姬

夜叉姬为景天科奇峰锦属多肉植物，日本称其为“夜叉姬”，没有正式的中文名字，网上有人称之为“千物相”（在景天科奇峰锦属植物中有一种名万物相）。

形态特征 植株丛生，有分枝；基部略膨大，呈块根状。叶肉质，细长，绿色，生长在茎的上部；夏季高温时叶片干枯，但不脱落，而是残存在茎上。

盆景造型 夜叉姬根干虬曲多姿，宜丛生，最适宜制作小型丛林式盆景。制作时可将数株进行组合，使之成为自然和谐的生态小景观。栽种时注意前后呼应，高低错落，使盆景虚实结合，主次分明。

制作时为了达到最佳效果，可反复组合，变换盆器。下面以夜叉姬制作的《竞秀》作品为例，来说明盆景制作过程中的取舍、布置要领。

将5棵植物分为大小两丛，栽于椭圆形花盆内，虽然有点野趣，但看上去似乎有点僵化，缺乏大自然中的灵动之美（制作过程图1）。将其分成两盆后效果也不是太好，觉得有呆板，失之雅趣（制作过程图2、3）。再重新布局，发芽后虽然清新动人，但觉得有些拥挤，缺乏层次感（制作过程图4）。剔除过密的植株后，重新栽种，效果就好多了，其层次分明，错落有致，富有诗情画意，题名《竞秀》，以表现春天树木葱茏、生机盎然的景象。

养护管理 夜叉姬喜凉爽干燥和阳光充足的环境，怕炎热，具有夏季高温休眠的习性。

▲ 制作过程图 1

▲ 制作过程图 2

▲ 制作过程图 3

▲ 制作过程图 4

▲ 竞秀

每年的5月以后，随着气温的升高，植株生长停滞，叶子逐渐干枯，此时应控制浇水，避免受雨淋，加强通风，这些措施都是为了防止茎干及根部腐烂。

到了秋季，随着气候的转凉，植株开始生长，萌发新叶，可将植株移至光照充足处养护，使其尽可能多地接受阳光的沐浴，以避免徒长，形成紧凑壮实的株型。生长期保持盆土偏干，避免盆土积水，栽培中一般不必另外施肥。冬季置于室内阳光充足处，能耐5℃或更低的温度。

生长季节注意植株修整，及时除去影响美观的枝条，将过长的枝条剪短（剪下的枝条晾2～3天，伤口干燥后可以扦插繁殖），以保持盆景的疏朗俊秀。

乙女心

乙女心（*Sedum pachyphyllum*）为景天科景天属多肉植物。

形态特征 植株多分枝。肥厚的肉质叶密集排列在枝干的顶端，叶绿色至粉红，长圆形，被有白粉，在强光与昼夜温差大或冬季低温期叶色会变红。近似种有八千代。

盆景造型 乙女心枝干虬曲多姿，适宜制作悬崖式、临水式、斜干式等多种不同造型的盆景。栽种时注意角度，或正或斜或垂或立，并注意植物的观赏面应与盆器的观赏面一致。其枝干较脆，容易折断。造型方法以修剪为主，剪去多余的枝条，摘除影响美观的叶子，使其疏密有致，高低错落，以达到最佳观赏效果。

乙女心盆景1

▲ 乙女心盆景2

▲ 乙女心盆景3

养护管理 乙女心喜凉爽干燥和阳光充足的环境，要求有较大的昼夜温差。在这样环境中栽培的植物叶子肥厚圆润，色彩鲜亮。夏季高温时植株生长缓慢，甚至完全停滞，应控制浇水，注意通风。冬季移入室内光照充足处，在控制浇水的情况下，不低于0℃可安全越冬。

皱叶麒麟

皱叶麒麟（*Euphorbia decaryi*）为大戟科大戟属多肉植物。

形态特征 植株低矮，呈丛生状。肉质茎呈细圆棒形，初为直立生长，以后则逐渐贴着土面呈匍匐生长；表皮粗糙起皱，深褐色至灰褐色、灰白色。叶轮生，植株下部的老叶常脱落，仅在茎的顶部长有为数不多的叶片，叶片长椭圆形，全缘，具褶皱，叶色青绿或深绿，经烈日暴晒后则呈红褐色。其株形小巧，酷似椰子树，根茎虬曲多姿，非常适合制作具有热带海滩风光特点的小型或微型盆景。

盆景造型 皱叶麒麟的上盆一般在生长季节进行，花盆宜用小型的浅椭圆形或长方形紫砂盆、瓷盆之类细盆。上盆时挑选一些形态较

皱叶麒麟盆景1

好的植株，将数株栽于一盆。植株不必蟠扎，但要稍做修剪，其形式常用偏重式造型，用皱叶麒麟代表椰子树，以模仿热带风光。栽种时将植物栽于花盆的一侧，要做到有主有次，层次分明，并注意前后左右位置的错落和高低的变化；还要根据情况进行提根，使古朴的根部露出土面，以提高盆景的观赏性。制作好的盆景表面不要铺青苔，但可撒些沙子、摆放石子或石砾，点缀一些薄雪万年草、虹之玉、姬星美人等小巧的多肉植物，使盆景整体风格和谐统一，具有热带海滩风光特点和大自然之野趣。

养护管理 皱叶麒麟原产非洲的马达加斯加岛，喜温暖干燥的半阴环境，耐干旱，怕水涝。制作好的盆景平时可放在光线明亮又无直射阳光处养护，避免烈日暴晒，否则会使叶色发红，影响观赏。此外，冬季温度过低也会造成这种现象。生长期保持土壤湿润，每月施1次腐熟的稀薄液肥或“低氮高磷钾”的复合肥。夏季高温时注意通风良好，冬季移至室内向阳处，节制浇水，5℃以上可安全越冬。由于皱叶麒麟基部的萌芽力强，要及时除去多余的幼芽，以维持盆景的优美。每1～2年翻盆1次，盆土可用疏松肥沃、良好排水性的沙质土壤。

皱叶麒麟盆景2

芦荟

芦荟科的芦荟属的草芦荟、第可芦荟、海虎兰；瓦苇属的鹰爪、九轮塔、古笛等品种株型小巧精致，形态自然，都可用来制作盆景。其风格刚劲粗犷，颇具非洲沙漠风情。

盆景造型 可选择稍浅一些的中小型长方形或椭圆形紫砂盆栽种。盆土用腐叶土、园土各1份，粗砂或蛭石2份，并加入少量的骨粉混合配制。制作时先将1～2株或丛生的植物作为盆景的主体栽于花盆的一侧；栽种时注意前后位置的错落，以达到最佳的观赏效果。栽好后在花盆的另一侧点缀石块，并在空闲的位置栽种一些小型多肉植物作为陪衬，以突出盆景的整体美。

由于这类盆景表现的是大自然中植物的生态环境，所以不必摆放亭、桥、阁及人物等传统盆景中常用的配件，盆土表面亦不要铺青苔，以突出非洲沙漠风光特色。

养护管理 喜温暖干燥的半阴环境，耐干旱，怕积水。强光照射会使叶尖变红，甚至枯焦；光照不足又会使株形散乱，影响观赏。可放在光线明亮又无直射阳光处养护。平时保持盆土偏干一些，以控制长势，维持盆景的完美。春、秋季节每月施1次薄肥，夏季注意通风，冬季节制浇水，0℃以上可安全过冬。当植株长得过大时，将其扣出，换稍大一些的花盆，或另选合适的植株重新栽种，制作新的盆景。

▲ 海虎兰芦荟盆景

▲ 大鹰爪瓦苇盆景

山影拳

山影拳也称山影、仙人山，为仙人掌科天轮柱属（*Cereus*）几个柱形品种石化变异的总称。

形态特征 根据品种的差异，肉质变态茎的颜色有浅绿、深绿、蓝绿、墨绿等色，山影拳其植株或形似郁郁葱葱、层峦叠翠的山峰，或似精巧别致的灵石，却富有生命。

盆景造型 山影拳因形态酷似山石，在制作盆景时可参考山水盆景的技法，以山影拳替代山石，将其种植在盆钵中。栽种时注意高低的错落，主次的分明，并注意栽种不要过于密集，以给植物留下足够的生长空间，同时也使得视野更加开阔。

养护管理 山影拳习性强健，喜温暖干燥和阳光充足的环境，耐干旱和半阴，怕积水，有一定的耐寒性。生长季节可放在阳光充足、通风良好的室外养护，即使盛夏也不必遮光，但不要将长期放在室内或其他光照不足处的植株突然拿到强光下暴晒，以免强烈的直射的阳光灼伤肉质茎。平时保持盆土稍微干燥一些，肥水不必过大，否则会造成植株徒长，出现“返祖”现象，使肉质茎长成原来的柱状，从而破坏株形的完美，降低观赏价值。栽培中应控制水肥，使其长得稍慢一点，会收到良好的效果。空气干燥时应注意向植株喷水，以增加空气湿度，使表皮润泽。夏季高温时，要加强通风，避免闷热的环境。闷热干燥引起红蜘蛛危害，而闷热潮湿则会导致肉质茎腐烂。

生长期每月施1次腐熟的稀薄液肥或“低氮高磷钾”的复合肥。冬季保持0℃以上，土壤不结冰即可安全越冬，但前提条件是有充足的光照和干燥的土壤。根据生长情况，幼株每年、大型植株每2～3年换盆1次，换盆时剪掉部分老根，盆土宜用排水透气性良好的沙质土壤，并在盆底放入少量的骨粉或碎骨作基肥。

野趣

俏峰

其他植物

除上述植物外，还有很多的多肉植物都可用来作为盆景材料。如久米之舞、姬红小松白牡丹、落地生根等，都可做出意境独特的盆景来。如以临水式造型将久米之舞种在一个小签筒盆内，配以薄雪万年草点缀，就是一盆不错的盆景（如下图）。该盆景虽然疏影横斜，线条刚健流畅，但觉得有点头重脚轻，始终不是太满意，似乎还有上升的空间。随后，以斜干式造型移栽到稍浅的盆内，达到了预期的效果。其枝干苍劲，枝头上莲座状排列的肉质叶色彩凝重，如盛开的花朵。其随经岁月沧桑，依然绽放着生命之花的精神令人感悟，遂命名为《岁月如歌》。

▲ 久米之舞盆景——岁月如歌

▲ 姬红小松盆景

久米之舞盆景——岁月如歌初创

菊科植物块根盆景

白牡丹

落地生根盆景

姬小光盆景

盆中的艺术——盆艺

多肉植物种类繁多，色彩和形态都很丰富，可以利用这个特点，制作盆艺作品。所谓的“盆艺”，是介于盆栽与盆景之间的艺术形式，与诗情画意浓厚、具有中国传统文化特色的盆景相比，其创作手法更加灵活自由，装饰效果也更加时尚。

盆艺

盆艺，既可由数株植物组合而成，也可单株成景。其形式丰富多彩，除了表现大自然的或秀美、或壮丽、或苍茫、或意趣的景色外，还可表达梦想中的美景、童话世界、科幻王国。这是因为不少种类的多肉植物株型奇特、色彩斑斓，如同有生命的工艺品，与常见的植物有着迥然不同的装饰效果，非常适合表现那些如梦如幻的景观。

盆器 制作多肉植物盆艺对盆器要求并不严，时尚的欧美范儿、日韩范儿的陶瓷盆，富

▲ 以挖空的树木为盆器的多肉植物组合盆栽

有童趣的卡通造型盆，古朴大方的中国风格紫砂盆都可以使用，甚至剖开的竹筒、木箱、石头、枯木等材料，茶杯、茶壶、锅等生活用品，只要使用得当，都能制作出富有创意，风格独特的盆艺作品。

种植在山石上的仙女杯

植物 用于制作盆艺的多肉植物品种要求习性强健、适应性强、繁殖容易，株型大小适中；而一些稀有名贵品种，因管理困难，价格较高，而且有些品种看上去形态也不是那么的自然，像东云、万象、玉扇、龟甲龙等，反而不适合制作这类组合盆栽。时下较为流行的是景天科多肉植物“拼盘造景”，常用的有景天科的吉娃娃、天锦章、虹之玉、球松、钱串景天、乙姬、静夜、青锁龙、白牡丹、小人祭；芦荟科瓦苇属的条纹十二卷、玉露、寿、龙鳞；番杏科的生石花、肉锥花、紫晃星、姬红小松等；仙人掌科的绯牡丹、子孙球、黄金纽、白雪光、山吹、金手指、银毛球、玉翁以及金琥的幼株等。此外，玉叶、金钱木、油点百合、塔椒草、绿之铃、蓝松等品种也适宜作为盆艺植物。

松虫盆艺

形式 主要有自然式和趣味式两种。

自然式盆艺多模仿盆景的造型，既可用种类不同、习性相近的多肉植物组合，也可用数株同一品种的多肉植物组合，甚至单独的植物配上赏石也能成景。其布局多采用自然式，不必刻意做成某种几何图案，并根据需要点缀奇石或其他配件，以突出大自然的野趣。盆器宜选择长方形、椭圆形、圆形、正方形或其他不规则形状，以陶质、紫砂盆、瓷盆、石盆为佳；色彩和形状不宜过于花哨；不适合用那种比较时尚和具有童趣的卡通造型盆器，因为这种盆器很难表现盆艺自然质朴的特色。

以下以红稚莲等植物制作的《莲韵》作品为例，介绍自然式盆艺的制作基本要领。

红稚莲为景天科石莲花属多肉植物。肉质叶呈莲座状簇生于枝头；其叶色在阳光充足的环境中呈美丽的鲜红色，娇艳夺目，而在阳光不足之处生长的植株叶色呈灰绿色，此外在植株的生长旺盛期，叶色也会呈现出清新自然的绿色。

制作时以红稚莲为主体，并配以子持莲花、小玉、红化妆等株型呈莲座状的景天科多肉植物，使其高低错落，主次分明。故题名《莲韵》。

首先，将主体植物红稚莲栽种后，点缀两个白色石头，并在盆面栽种子持莲花等陪衬小植物（《莲韵》制作步骤1）；其次，左边有点空，将石头去掉，盆面栽种小玉、红化妆等植物，以突出植物特色（《莲韵》制作步骤2）；再次，经过一段时间的生长，植物逐渐丰满，子持莲花的匍匐茎也垂了下来，为盆艺平增了几分飘逸感（《莲韵》制作步骤3）。

▲《莲韵》制作步骤 1

▲《莲韵》制作步骤 2

▲《莲韵》制作步骤 3

盆艺制作完成后，可将盆艺作品摆放在大小适宜的几架上，并在旁边摆放赏石、盆草等小植物以及牧童、鹤、鹿等人物或动物盆景摆件，以营造自然典雅，富有趣味的景观，摆件宜少不宜多，否则会显得凌乱不堪，而且有喧宾夺主之感。

◀姬秋丽盆艺

趣味式盆艺以突出植物的自身特点为主，彰显其奇特的形态和色彩，制作时注意植物高低的错落和色彩的和谐。盆器宜选择那些卡通造型的小盆，也可选择玻璃器皿或贝壳形、心形、竹篮形、花生形、西瓜形等形状比较别致有趣的花盆，以突出趣味性。

▲生石花盆艺

▲趣味组合盆艺

▶婴儿手指

造景小技 做组合盆艺时应注意尽量将习性相近的多肉植物种植在一个盆内，最好将同科同属的植物进行组合，以便于管理，像喜欢冷凉，生长季节在秋冬及早春季节的静夜、白牡丹、观音莲等，它们挤在一个盆里就比较合适。而把夏季生长、冬季休眠的各种仙人掌类植物、龙舌兰类、大戟科的一些种类组合在一起较为适宜。此外，还要注意不要将植株种得太密，要给植物留出生长的空间。制作完后，最好在盆面铺上一层石子或其他颗粒性材料，还可在植物的空隙栽种薄雪万年草、佛甲草之类的小景，这些措施都是为了避免裸露土壤，影响美观。

此外，还可以利用大多数的多肉植物扦插容易生根、耐干旱的特点，制作节日花环、礼品花盒等，还可与其他花材搭配，以切花的形式制作婚礼中的胸花、新人手捧花等饰物，待使用完毕后，再将其植入介质中，依旧能够生根成活，再现生机。

▶以观音莲为主花材的新娘手捧花

▶组合盆艺A

▶组合盆艺B

微型盆艺

微型盆艺，因能放在手掌上赏玩，也称“掌上盆艺”，具有小中见大、自然有趣等特点，其玲珑可爱，精巧别致，而且所占空间不多，携带方便，很受人们喜爱，尤其是年轻人的欢迎。微型盆艺用于装饰桌案、窗台、茶几等处，清新典雅，自然和谐，也可作为特色小礼品赠送亲朋好友。

钱串景天微型盆艺

材料选择 制作这类微型盆艺的材料并不难找，很多习性强健、管理粗放、耐干旱的植物都可以使用，像茜之塔、花椿、玉椿、球松、虎刺梅、佛甲草、薄雪万年草等品种的多肉植物都可使用。

佛甲草微型盆艺

盆器选择 宜选择小巧精致的紫砂盆、陶瓷盆、塑料盆，形状可以根据需要选择圆形、海棠形、梅花形、正方形、长方形、高筒形以及各种动物、植物、卡通人物等造型的花盆。除了微型花盆外，还可用小茶壶、笔筒、海螺或其他器皿，甚至处理过的鸡蛋壳都能使用。总之，只要古朴典雅、形状美观的盆器都可使用。

▲ 鸡蛋壳微型盆艺

上盆 制作时可根据植物的特点和习性，扬长避短，利用植物的自然美，盆器的艺术美，营造出自己理想中的“掌上乾坤”，为生活增添生机和趣味。栽种时还可吸收微型盆景的表现手法，注意疏密得当，错落有致，以彰显“以小见大”的艺术魅力。同时，要注意构图的简洁扼要，尽量使之不失艺术的完整性。

筒叶菊微型盆艺

盆艺制作好后，可根据需要在盆面铺青苔，点缀奇石，以增加自然和谐的韵味。还可与一些瓷质或陶质的工艺品、观赏石组合搭配，营造出古雅自然、意境悠远的氛围，以提高观赏性。

微型盆艺的日常管理既要满足植物生长对水分和养分需要，又要避免植株生长过旺、影响美观；宜维持土壤偏干，并多见阳光。这些措施都是为了保持植物株型的紧凑，避免徒长。

花叶寒月夜缀化老桩

岁月的沉淀——老桩·群生·老株

经过多年的生长，多肉植物根据种类的特性差异，或形成老桩，或成为群生植株，或成为老株，他们是岁月的沉淀，大自然的留念，有着较高的观赏性。有些种类甚至成为有生命的收藏品，像仙人掌科的花笼、龟甲牡丹、银牡丹，薯蓣科的龟甲龙等，都是很经典的收藏品，深受玩家青睐。

《古意盎然》 库珀天锦章又名锦铃殿，肉质茎上布满叶片脱落后留下的疤痕，给人以古朴苍劲的感觉。肉质叶灰绿色，有暗紫色斑点。栽于六角形小盆内，点缀奇石，自然古雅。

古意盎然

老桩

所谓老桩，是指那些生长多年、有明显主干或分枝的老株，像景天科石莲花属、莲花掌属、天锦章属等的不少种类，生长到一定的年限后，都会成为老桩。其苍劲古雅，意趣天成，很符合当前人们渴望回归自然、追求野趣的生活理念。它既可单株成景，又可数株组合，制成不同风格的盆栽小品，用于布置窗台、阳台以及光照充足的室内等处，时尚自然，趣味盎然。

《玉树临风》 将筒叶花月栽种到花盆一隅，栽种时应注意其位置不可居中，以留出摆放观赏石的位置，然后摆上事先选好的观赏石。观赏石宜矮不宜高，以衬托植物的修长挺拔；最后在合适的位置点缀一些薄雪万年草。这样，一盆简洁明快，两面皆可观赏的微型盆艺就完成了。因其自然挺拔，素雅清新，遂题名《玉树临风》。

玉树临风

《野趣》 将2棵大小不同的姬红小松组合，组合时注意植株上部枝条的高低错落，根部的自然和谐，使之达到“虽为组合，犹如天成”的韵味，然后栽于盆中。由于姬红小松的榕树状块根较为肥大，就没有摆放观赏石，也没有在盆面点缀小植物，以免过于拥挤，影响视野的开阔。该盆景自然粗犷，犹如生长在非洲广袤沙漠中的老树，野味十足。

造型前的姬红小松

造型后的姬红小松

多肉植物老桩形式丰富，其独特的韵味吸引了不少人，但老桩毕竟是需要“年功”的，要有一定的岁月积累才能形成，因此真正意义上的老桩并不是到处都是，于是就有人打起了“歪主意”，将一些刚刚有独立茎干的植物，甚至从老株上剪下一些稍粗点的枝条，拍照片后冒充老桩销售（因为有些植物，只看照片的话根本分辨不出大小粗细，照片中看上去粗壮的老桩，实物是非常小的），还有人将植物放在缺光的地方养护，使其徒长，等长到一定高度时掰掉茎干下面的叶片，冒充老桩。购买时，尤其是在网上购买，一定要选择那些诚信度高的商家，以免上当受骗，否则收获的不仅是假货，而且还有失望的心情。

老桩虽然美，但也不是没有风险的，因为

锦晃星老桩

筒叶花月老桩

这些老桩的枝干都已经老化了，其生命力较弱，恢复长势缓慢，养护不当甚至造成植株死亡。而且多肉植物的枝干较脆，运输途中很容易折断或者叶子脱落，虽然说折断的枝干可以扦插成活，但毕竟影响了老桩的形态。

▲鹤之巢缀化

▲韩国的红美人老桩

▶雨滴

群生

有许多种类的多肉植物在自然原生状态下，都是以群生状态出现的，其少者由数株组成小群生，多则几十株，数百株，甚至上千株组成一个大的群生株，或生长在广袤的沙漠原野，或扎根于陡峭的崖壁上，在自然环境与岁月风尘的雕饰下，粗犷壮美，野趣盎然。

这些群生植株，大多是因主头不断萌生侧芽而形成的（番杏科生石花属、肉锥花属的群生株则是通过内部不断分头形成），因此无论有多少头的群生株，都有着一个共同的根。对于某些不易发侧芽的种类，还可以将主头的生长点破坏，刺激其萌发侧芽，促使其形成群生株。仙人掌科、大戟科、番杏科、景天科、萝藦科等科中的很多种类的多肉植物，经过岁月的洗礼，都会形成群生植株。

无论什么样的群生株，都需要一定的年份才能形成，这可以说是老桩的另外一种表现形式，也可以说是岁月的沉淀。

同一种类的群生植株与单株相比，其观赏价值更高，尤其是番杏科的生石花、肉锥花中的群生植株开花时花团锦簇，犹如一个硕大的花球，极为壮观。在国内外的一些大型多肉植物展览中，群生植株是不可缺少的精品。而植物园和资深玩家也把仙人掌科的某些种类的群生株作为镇园之宝，以显示收藏实力。

如果说单株展现的是植物的个体之美，细节之妙，那么群生株则体现出植物的大气磅礴，表现出生态之美，沧桑之感。栽培群生植株，欧美等西方国家的玩家喜欢把小型的群生株栽种在质地粗犷的石盆、陶盆中，并配以砾石、枯木，盆面铺上一层沙砾，以表现其原生态的自然景观（与盆景近似，但表现的是热带荒漠景观）。而日韩等东方国家的玩家则喜欢把群生株栽种在质地细腻的瓷盆或古雅的紫砂盆中，并在盆面撒上一层赤玉土之类的颗粒材料，以衬托植物的古朴雅致。

▶群生的白绢丸

▶群生的龟甲牡丹与菊水组合

▶群生的肉锥花

▶群生白牡丹

老株

与老桩、群生株有着异曲同工之妙还有老株，它们所展示的都是多肉植物的野性之美，只不过老株表现的是单个植株的风采。

饱经沧桑之后，有些植物那种鲜嫩水灵的神采已经被大自然的日晒风吹和长期干旱磨砺殆尽，为了躲避热带沙漠中烈日的炙烤，将大部分植株缩进土壤内，把那来之不易的水分、养分保存在肥大的“块根”内，以减少蒸发和流失，其生长更是缓慢。为了适应环境，植株形态也发生了巨大变化，看上去像岩石、枯木甚至像牛粪，但这却是一个个鲜活的生命体，在时机成熟的时候会绽放出或娇艳，或平淡的花朵，吸引着昆虫为其传粉，继而结子，使该物种的种群得以延续，创造着生命的奇迹。

▲光山锦老株

▲三角牡丹缀化老株

▲金不换老株

▲韧锦老株

管理篇——养之乐

如何养好多肉植物，从“养”中体现乐趣，见证“从小苗，甚至种子，逐渐长大，成为成株，繁衍后代的过程”，是件很有成就感的事情，很多普普通通的常见品种，只要养好，就会彰显出不俗的品质。即便拥有名优品种的多肉植物，如果养不好，看上去灰头土脸，半死不活的，也显示不出铭品肉肉的风采。由此可见，“养功”在玩多肉植物是多么的重要啊！

那么，怎么才能养好“肉肉”呢？“欲善其事，必先利其器”，要养好多肉植物，必须要为其创造一个良好的生长环境，此外花盆、各种土、肥料以及其他相应的工具也是必不可少的。

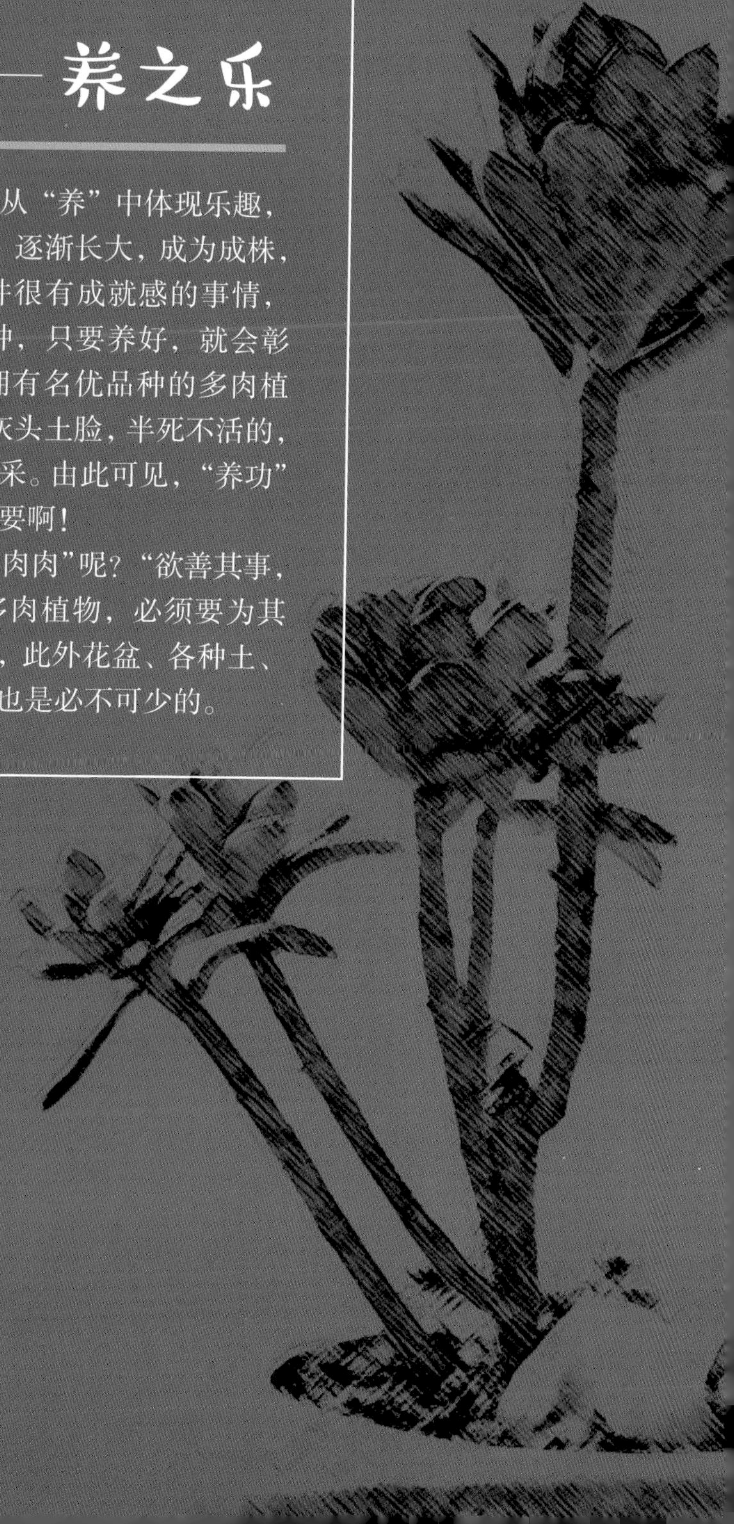

养好多肉植物从营造环境开始

环境——创造优越的小气候

我们知道，多肉植物按生长习性的不同，可分为冷凉季节生长的冬型种，温暖季节生长的夏型种以及介于二者之间的中间型三种类型。尽管不同品种对阳光、温度的要求不尽相同，但大多数的多肉植物喜欢阳光充足、空气流通、昼夜温差较大的环境，不论是规模化大棚生产，还是“玩家”在阳台、飘窗、露台、庭院等处种植，都要尽量为其营造一个舒适的生长环境。

大棚里的多肉植物

飘窗上的多肉植物

露天下莳养的多肉植物

个人“玩”多肉植物，多以阳台为主，谓之“阳台族”。阳台以南向为佳，而且楼层也不宜过低，楼与楼之间的距离最好能远一些，这些都是为了保证有充足的阳光，以利于多肉植物的健康生长。为了节约空间，可以采用分层的花架，将植物放在架子上。如果条件允许，可以将阳台伸出去，做一个类似飘窗的小型阳光房，用来栽培多肉植物。如果有露台或楼顶利用，可以搭建阳光房，营造自家的多肉植物乐园。还可以配置植物补光灯、遮阳网、通风扇、加温设施等，以备不时之需，根据气候的变化，冬季及时补光增温，夏季注意通风降温，遮阳防晒，以保护植物健康生长。

▲阳台外侧小阳光房内的多肉植物

▶阳台外侧小阳光房内的多肉植物

有条件的话，还可对多肉植物进行“野养”。所谓的野养，也称露养，就是除了冬季和早春较为寒冷的季节外，将仙人掌科、龙舌兰科、萝藦科、夹竹桃等温暖季节生长的夏型种多肉植物，以及落日之雁、艳日辉等习性强健的景天科多肉植物，放在室外空气流通、阳光相对充足之处养护，这样因为有较大的昼夜温差，充足的紫外线，流通的空气，植物能够长得健壮结实，颜色鲜亮，但要注意防治暴雨、连阴雨以及冰雹、霜冻等恶劣天气对植物的不利影响，初冬季节及时移至室内，以免遭受冻害。

盆器——多肉植物的“房屋”

想玩好多肉植物，就要给它一个房子，这个“房子”就是盆器。它不一定要求多么华丽，但一定要让肉肉住得舒适，这样肉肉才能长得好。按材质分主要有瓦盆、塑料盆、紫砂盆、瓷盆等。

塑料盆 这是以收集品种为主的“品种控”玩家的主要用盆，具有轻便、价格

黑方盆

低廉、款式丰富，长途运输不易破损等优点；形状有圆形、方形等形状，颜色以黑色为主，也有白、粉、绿等其他颜色。其中的黑色方盆俗称“黑方”，摆放起来较为节约空间，而被广泛应用。塑料盆因其透气性差，最好用颗粒土种植多肉植物，以免因积水引起烂根。

泥瓦盆 这是中国传统的花盆，具有透气、渗水性好等特点，但也存在着笨重，不美观，运输途中容易破损，土壤干燥过快等不足，现在已经很少生产了，使用的人也不是很多，但其粗犷质朴的外观还是吸引了一些玩家。

陶盆 为泥瓦盆的升级版，其古朴雅致，较为美观，透气性也好，但也存在着容易破碎，土壤干燥过快等不足。

紫砂盆 为较为高档的盆器，其古色古香，款式和规格都较为丰富，透气性也好，适合种植各种多肉植物。

紫砂盆种植的大枪

瓷釉盆 具有色彩和造型丰富等特点，适合用于各种造景、盆景和趣味盆栽。但透气性差，最好用颗粒材料种植。款式有细腻典雅的中国风格、时尚前卫的日韩风格、粗犷的欧美风格、趣味盎然的卡通风格等多种不同的风格。

生动活泼的卡通造型盆器

土——多肉植物的“家居”

多肉植物对土壤的基本要求是具有一定的颗粒度，疏松透气，排水性良好，并含有一定的腐殖质，少量的石灰质，呈中性或微酸性（有些品种可为弱碱性）。常用的材料有园土、腐叶土、泥炭土、草炭、炉渣、沙子、蛭石与珍珠岩以及赤玉土、兰石、植金石、帝王石等材料。可根据品种和盆器的不同以及栽培环境的差异进行合理配比，为多肉植物提供一个舒适的生长环境。

还可在盆面铺一层石子、赤玉土、风化石或其他颗粒性材料，谓之“铺面石”，以保持其干净美观，并有防止浇水时将泥水溅到植株上的作用。

▲ 沟宝山盆面铺了一层风化砂，更显其野趣盎然

水与肥——多肉植物生长的“能量”

在人们的印象中，大多数种类的多肉植物都生长在土壤贫瘠、干旱少雨的热带沙漠或半沙漠地区，因此不少人都认为这类植物耐干旱和贫瘠，栽培中只要浇少量的水就好，根本不用施肥。其实这种看法是错误的，这类植物在生长过程中也需要水分和养分，在干旱和贫瘠的环境中它们虽不会死亡，但生长缓慢甚至停滞，植株颜色暗淡，缺乏生机，严重影响观赏。所以，在多肉植物的生长期，对于生长旺盛的植株不但要给予充足的水分，保持其土壤湿润，而且还要施肥，以提供必要的营养，使其茁壮生长。

我们知道氮、磷、钾是植物生长的必需元素，其中氮肥是构成植物蛋白质和叶绿素的重要成分，一旦缺乏就会导致叶绿素不足，不能合成养分，造成植株生长受阻，叶片发黄干枯。而氮肥过多，又会造成植株虽然枝叶繁茂，但不能开花结果以及植株发嫩，不充实、缺乏抵抗力等后果，容易腐烂，有些植株呈红、黄、白等色的斑锦品种还会因叶绿素过多，使表面带有过多的绿色，降低了观赏价值。磷肥是植物组成细胞核原形质的重要成分，能促进根、茎的发育和植物的开花结果，一旦缺乏就会造成不能开花或开花稀少。钾肥可促进植物的光合作用，制造和贮藏养分，增强抵抗各种病害的能力，如果缺乏就会使植物呼吸失调，植株矮小，茎部纤细、不充实，易遭受病害侵袭。此外，钙、镁、硫、铁、硼、铜、钼等元素也是植物生长中必不可少的元素，其需要量虽然不多，但却对植物的生长发育起着至关重要的作用。对多肉植物而言，由于生长速度不是多么快，氮肥的需求量不是太多，但其肉质茎、叶都比较肥厚充实，所需的磷钾肥相对较高，所以施肥时应做到“低氮高磷钾”。若氮肥过多会造成植株徒长，使株形松散、不紧凑，降低观赏价值。此外，还应增加一定量的钙元素；对于强刺类仙人球可增施一些铜元素，以促使刺的发育。

多肉植物的施肥可分为基肥和追肥两大类。基肥一般在栽种时直接掺入土壤中，常用的有草木灰、骨粉、贝壳粉、腐熟的禽畜粪等。由于大多数品种的多肉植物都喜欢在含有一定量石灰质的土壤，因此可在土壤中掺入适量的骨粉、蛋壳粉等石灰质材料。追肥则应根据不同的品种和生长期而定。新栽的植株、长势较弱的植株都不要施肥。对于大多数多肉植物来说，在生长期可每半月施一次肥，生长缓慢的品种也可每月施一次，有些生长极为缓慢的品种甚至可不用施肥。施肥前几天不要浇水，等盆土稍干燥后再施肥，以利于植物根部的吸收。由于除叶仙人掌等个别品种外，大多数多肉植物根部的渗透压都很低，肥液的浓度一定不要过高。肥料的种类应视植物的品种和生长阶段的不同而异。一般小苗期、叶多的多肉植物种类且呈绿色的植物氮肥施用量可稍多一些，而处于花芽分化期和开花结果期以及植株呈球状、柱状，叶色为红、黄或其他非绿色的品种应多施磷钾肥，茎干状多肉植物则要多施钾肥。所用的有机肥，可选择加水发酵的豆饼、芝麻饼以及鸡、鸽粪、骨粉等，无论何种肥都要充分腐熟，并加水稀释后才能使用。无机肥中的尿素、磷酸二氢钾、过磷酸钙等和市场出售的各种复合肥、家庭养花专用肥也可在植株生长旺盛时使用，但浓度要低，次数要少，否则会造成土壤板结，影响植株生长，反而得不偿失。但未经腐熟的蛋壳、豆浆、鲜牛奶等以及含盐分的肉汤、骨头则不可使用。施肥时注意不要把肥液溅到植株上。还有一种缓释性肥料，因使用简便、干净卫生而深受玩家的喜爱，其外观呈黄色小颗粒状，可放在盆土表面，缓慢地释放养分，供植物吸收。

多肉植物的施肥还要根据品种的差异，按不同季节进行。像5月虽然是龙舌兰科、仙人掌科、夹竹桃科、萝藦科等大多数品种多肉植物生长的旺季，但番杏科的生石花属、肉锥花属、对叶花属，芦荟科瓦苇属的万象、玉扇、玉露、瑞鹤，以及风信子科的弹簧草、佛座箍等冷凉季节生长的冬型种多肉植物，则逐渐进入休眠期或半休眠期，生长完全停滞或极为缓慢，所需要的养分不多。因此，对于前者一定要给予充足的水肥供应，后者则要停止施肥，以免造成烂根。而到了9月以后冬型种多肉植物则逐渐开始生长，应注意施肥，以提供充足的养分，促进植株的生长；夏型种多肉植物则逐渐进入休眠状态，就要停止施肥了。

必备工具——工欲善其事，必先利其器

包括浇水用的长嘴壶、打药喷水用的喷壶以及小铲子、洗耳球（气吹）、小刀、棉签、毛笔、镊子、托盘、水桶、盆、筛子、植物标签等。

多肉植物四季管理

春季春暖乍寒 谨防倒春寒

物候学上的春天是指连续5天平均温度稳定在10℃以上、22℃以下的这段时间。虽然在每年的2月4日前后就到了立春节气，但由于我国幅员辽阔，不同地区的温度相差很大；而早春和暮春的气候也相差很大。因此，多肉植物的春季管理因根据不同地区的气候及时间进行。此外，还应按冬型种、夏型种、中间型等不同的类型进行管理。

立春（2月4日前后）后，我国的华南地区已经是春暖花开，生机盎然了，白天温度可达10～15℃，如果天气晴朗，室内的温度可达20℃以上，夜间也有3～5℃。这个季节由于昼夜温差相对较大，地温开始提升，温室内的多肉植物开始旺盛地生长，不少种类的多肉植物，尤其是景天科的漂流岛、东云、黑法师、信东尼，番杏科的生石花中的大多数种类以及肉锥花、魔玉、帝玉，风信子科的玉翡翠、块根寿、鳞芹、弹簧草，芦荟科的玉扇、万象、寿、玉露、瑞鹤以及薯蓣科的南非龟甲龙等种类冬型种，芦荟科的卧牛、芦荟、冬之星座和景天科的花月等中间型多肉植物，在这段时间里是全年中生长最快的阶段。但此时的温度还不稳定，时常有寒流发生，可谓“乍暖还寒”，千万不要急着将花搬出室外，也不要急着打开花棚，以避免温度忽高忽低，给植物造成冻害；还要防止大棚凝结的水珠滴到植株上，以免造成腐烂。而北方地区仍然冰天雪地，多肉植物的管理以保温防寒和增加

▲ 伏地魔（仙人掌科）

光照为主，夜间温度最好能保持在5℃以上，并要求有一定的昼夜温差。

到了3月，随着温度的继续回升、昼夜温差的加大，冬型种和中间型多肉植物都进入生长旺季，龙舌兰科、仙人掌科、大戟科、夹竹桃科、凤梨科中的绝大部分植物，旋花科的合鲁牵牛、布鲁牵牛，葫芦科的非洲奇葫芦、睡布袋、笑布袋，西番莲科的徐福酒瓮、刺腺蔓，薯蓣科的墨西哥龟甲龙等夏型种多肉植物也已开始苏醒。此时不要急着把花搬出室外，可先打开花房的窗户进行通风，使花儿逐渐适应室外的环境，特别是南方天气晴好时更应如此，以避免因温室午间温度过高，蒸坏植物。但北方地区若遇寒流、倒春寒或大风降温等天气仍要关紧门窗，以免植株因冻害受损。4月随着气温进一步的回升，龙舌兰科、仙人掌科、大戟科、龙树科等夏型种多肉植物，以及落日之雁、卧牛等中间型多肉植物，可逐渐搬到室外，接受阳光的洗礼和春风的沐浴。但若遇连阴雨天还要注意防止长期淋雨，以免因低温潮湿引起的植株腐烂。当室内温度超过30℃时，应进行开窗通风，以降低温度，防止因高温对植物造成伤害，并增加空气的流动，以利于植株生长。

在春季对处于生长期的冬型种、中间型的多肉植物宜保持土壤湿润，但不要积水。此外，还要注意不同品种之间的差异，例如景天科的黑法师、吉娃莲、绿塔，芦荟科的卧牛、万象、玉扇、琉璃殿，番杏科的生石花、肉锥花都处于生长期，前两类由于生长相对较快，就要适当多浇水，并保持一定的空气湿度，使叶片肥厚饱满，色彩靓丽；而后一类生长相对缓慢，并处于脱皮期，对水分的要求不多，就要少浇水，更要避免空气湿度过大，以免造成植株腐烂。总之，既要满足植物生长对水分的要求，又要避免水分长期滞留在土壤中，以免烂根。同时，要根据品种和长势的不同酌情施些腐熟的稀薄液肥或“低氮高磷钾”复合肥。到了4月下旬，冬型种多肉植物的生长趋于缓慢，应停止施肥，注意控制浇水。

夏型种的多肉植物在相对寒冷的早春，要控制浇水；到了3月中下旬，随着温度的升高，植株开始缓慢生长，可适当多浇水；清明节后温度一般都稳定在20℃左右，植株生长逐渐旺盛，就可以正常浇水了，并施以薄肥。无论哪种类型的多肉植物肥液都宜淡不宜浓，对长势较为旺盛的植株可多施、勤施，长势较弱的品种则少施，甚至不施，新上盆的植株由于根系尚未恢复吸收能力，也不要施肥。

无论什么类型的多肉植物，在春季都要给予充足的阳光。如果光照不足，会造成植株徒长，景天科莲座类植株松散，叶色黯淡、无光泽，某些品种叶面上的白粉减少；番杏科的生石花、肉锥花类的植物长得又瘦又高，缺乏生机。

夏型种多肉植物可在3月底进行换盆，中间型则可提前到3月初进行，冬型种一般不在春季换盆。总之，在休眠期即将结束、生长期刚开始时换盆是最佳的选择，如果发现有根、茎腐烂现象，可不分季节随时换盆。换盆前3～5天要停止浇水，换盆时将植株从盆中扣出，去掉根部的土，除去腐烂、中空、没有吸收能力的老根；但对于像仙人掌科岩牡丹属之类具有肥大肉质根的品种则不宜过度剪根，因为这些植物肥大的肉质根内贮藏有丰富的营养，若过度修剪会影响生长，严重时甚至烂根，整株死亡。如果是丛生植株，还可结合换盆进行分株繁殖。此外，对于上年秋天的一些播种苗，如果生长过于密集，应进行分苗移栽。

新株栽种前应在花盆底部排水孔上垫一层纱网，以防虫害，然后在纱网上覆盖瓦片等物，以利排水。由于土壤是湿润的，栽种后不必马上浇水。实践证明，在微湿状态的土壤中植株发根反而更快更好，即所谓的“湿土干栽”，以后盆土发干时适当喷些水，等7～10天后可浇一次透水。

除分株繁殖外，还可在春季对某些品种的多肉植物进行扦插、播种繁殖，4月中下旬当气温稳定在20℃左右后，可对仙人掌科、大戟科的多肉植物进行嫁接繁殖。已经开花的多肉植物可进行人工授粉，以获取种子。晚秋或冬季开花的多肉植物在春季果实都已成熟，应注意对种子的采收，以免散落流失。

▲贝壳龙舌兰（龙舌兰科）

▲ 毛汗尼（番杏科）

春季是万物复苏、冷暖更迭的季节，同时也是虫害比较容易发生的季节，室内空气过于干燥容易暴发红蜘蛛、白蜘蛛一类的螨虫，应定期喷洒杀螨药物进行防治，并注意喷洒有机磷类农药，以防治根粉蚧的暴发。

▲ 火祭（景天科）

由于冷暖的更迭，病害也从霜霉病、白粉病、白腐病等冬季的低温菌病害转变为猝倒病、软腐病、灰霉病等夏季高温菌病害，杀菌药物的更换也要由冬季使用的农用硫酸链霉素等换为三唑酮、代森锰锌等。

夏季高温酷暑 通风是关键

虽然在每年的 5 月 5 日前后就到了立夏节气，但按物候学的标准划分，夏季是指连续 5 天日平均气温在 22℃以上的日子，这是一年中最热的季节。由于地区的差异，各地的气候相差很大，夏季到来的时间也有早有晚，即便同是夏季，南方、北方的气候也有所不同。一般来说，南方的夏季是湿热，北方则是干热。相对而言，在北方 5 ~ 6 月的上中旬还不是那么热，昼夜温差也比较大，对多肉植物的生长还比较有利，而 6 月下旬入伏以后不但温度高，而且昼夜温差小、闷热、潮湿，这样的环境对多肉植物的生长，尤其是对冬型种和中间型多肉植物的生长很不利。此外，夏季的冰雹、大风，因暴雨、连绵阴雨引起的洪涝灾害也会对多肉植物造成较大的伤害，甚至全军覆没。

在夏季，仙人掌科的金琥、姬牡丹、绯花玉、金星，龙舌兰科的笹之雪、王妃雷神、吉祥冠，大戟科的飞龙、春峰、彩叶麒麟、筒叶麒麟，夹竹桃科的惠比须笑、白马城，萝藦科的丽钟阁、大花犀角等夏型种多肉植物普遍到了生长旺季；大多数种类的仙人掌类植物都能在 5~6 月绽放出美丽的花朵，也有一些品种在 7 月开花。而芦荟科的卧牛、芦荟以及景天科的花月、玉碟，番杏科的荒波、四海波，菊科的蓝松、绿之铃、泥鳅掌等春、秋季节生长的中间型多肉植物，在温度适宜、昼夜温差较大的5月还能继续生长，到了6月则生长缓慢，在气温较高的南方甚至停止生长；到了7月，除个别较为凉爽的地区外，在我国的大部分地区，基本都停止生长或生长极为缓慢。番杏科的生石花、肉锥花、帝玉、勋章、安珍，景天科的万物想、静夜、东云，薯蓣科的南非龟甲龙，风信子科的弹簧草等冬型种多肉植物在夏季则随着温度的升高，生长开始趋缓，直到完全停止。

在管理上，夏型种多肉植物应给予充足的阳光。如果光照不足，不仅植株徒长，还会影响开花，对于仙人掌科、大戟科、萝藦科等某些植株呈柱形或球形的种类，会使顶端的肉质茎突然变细，形成一个难看的小尖；对于观叶类多肉植物则会造成株型松散，叶色暗淡，特别是某些叶色呈红色或叶面上有花纹、白粉的品种，肉质叶还会变成绿色、叶面上的花纹或白粉减少，甚至消失。因此，最好将植株放在室外光线充足、通风良好处养护。但对于某些娇嫩的种类，在6～7月仍要避开中午前后的强烈直射阳光，以免灼伤表皮；当温度持续超过38℃时，也要进行通风降温。而长期摆放在室内或其他光照不足处栽培的植株，也不要突然拿到强光下，应先在半阴处养护一段时间，再搬到光照较强处，让其对环境有个逐渐适应的过程。浇水掌握“土壤湿润而不积水”，雨季注意排水防涝，以免因土壤积水造成烂根；但也不能过于干旱，否则植株虽然不会死亡，但生长停止，叶片干瘪，缺乏生机。根据品种的不同，每15～20天施1次腐熟的稀薄液肥或“低氮高磷钾”的复合肥。

中间型的多肉植物在夏季可放在光线明亮，又无直射阳光处养护，可在大棚的塑料膜上加罩遮阳网，家庭可放在阳台内侧或树阴下等无直射阳光处养护，浇水可根据气候和种类的不同以及植株生长情况进行，在温度还不是太高5月和6月初，植株还在生长，可正常浇水，酌情施些薄肥，到了6月下旬及7月，植株生长基本停止，就要控制浇水，保持盆土不过分干燥即可，并停止施肥。

冬型种的多肉植物在夏季生长基本停止，应避免强光直射，给予良好的通风，严格控制浇水，更不能被雨淋，特别是长期淋雨或暴雨。对于番杏科生石花属、肉锥花属、春桃玉属、对叶花属等叶片极端肉质的种类，在5月上中旬还可稍微浇点水，6月以后就要严格控制浇水，以免因高温、积水造成植株腐烂。对于夏季生长的生石花品种（如曲玉），则可适

▲ 玉露万象交配锦（芦荟科）

当浇水，以满足生长对水分的要求；生石花的小苗也要适当浇水，以免因缺水造成植株干枯。

在夏季，无论哪种类型的多肉植物都要求良好的通风，如果通风不好，加上土壤、空气潮湿，很容易因闷热、潮湿导致烂根，严重者甚至整株都烂掉；而通风不好，空气干燥，则会导致红蜘蛛危害，虽然喷洒药物能防治，但被害部位会呈褐色，很难消除。因此，大棚栽培一定要把大棚周围揭开，以利通风，必要时还可在大棚内装电扇。家庭栽培也要放在通风良好的阳台、窗台或庭院等处养护。

大多数种类的多肉植物都怕积水。夏季是一年中降水量较大的季节，因此排水防涝也是夏季多肉植物管理的一个重要方面。放在庭院、楼顶或大棚的多肉植物，最好能放在架子、高台上，也可用砖将花盆垫起来，以免下大雨时将花盆淹没；大棚内地栽的植株，也要做好防护工作，避免棚内进水。在夏季，多肉植物浇水时间最好在早晚较为凉爽的时候进行，不要在白天太阳正盛的时候浇水，以免因温度变化过大造成植株烂掉。

夏季温度高、湿度大，还是各种病虫害容易发生的季节。多肉植物的主要病害有茎腐病、烂根病、锈病等，产生的主要原因是栽培场所通风不好，土壤湿度过大而引起的病菌感染。预防措施除改善栽培条件外，还可定期喷洒多菌灵之类的药物进行防治。多肉植物的虫害主要有鼠妇、蜗牛、红蜘蛛、介壳虫、根粉蚧等，若发现应及时喷药防治。

在 5 ~ 6 月初还可对中间型、夏型种以及某些品种的冬型种多肉植物进行翻盆，或嫁接、扦插、分株、播种繁殖，如果温度、湿度适宜，方法得当，在 7 月也可做此类工作。对于开花的品种，可挑选品相好的植株进行人工授粉，果实成熟后要及时采收，以免种子散落丢失。

秋季暑凉交接 应变养好花

物候学上的秋季是指炎热过后，连续 5 天平均气温稳定在 22℃以下、10℃以上的日子，这是一年当中较为凉爽的季节。我国传统的二十四节气中，立秋在 8 月 7 日左右，11 月 7 日前后的立冬则代表秋季的结束，进入冬季。但由于我国幅员辽阔，因地区的不同，各地气候有很大的差异，因此真正意义上的秋天也有长有短，进入秋天的时间和秋天结束的时间各地也不尽相同。

在 8 月的初秋，秋老虎仍然在发威，南方地区表现尤为明显，因此“闷热潮湿”仍是我国大部分地区气候的主旋律。这种气候对多肉植物的生长很不利，其管理仍可按夏季进行，以通风、降温为主。到了 8 月下旬，北方地区随着温度的下降，昼夜温差的增大，气候逐渐变得凉爽，这是多肉植物生长的好季节。而10月22日左右的霜降以后，北方地区开始逐渐变冷，并有霜冻发生；11月上旬北方的有些地区还会下雪。总之，“天高气爽，阳光充足，昼夜温差较大”是秋天的主要气候特点，这种环境对大多数种类多肉植物的生长都很有利，但同时秋季又是气候变化较大的季节，时而秋雨连绵，时而又有“秋老虎”肆虐，到了晚秋还会有霜冻、寒流等对多肉植物造成伤害，应注意防范，以免造成损失。

在秋季的8～9月，龙舌兰科的雷神、仁王冠、树冰、虎尾兰，仙人掌科的白檀、乌羽玉、绯花玉、狮子王，大戟科的玉麟宝、白桦麒麟、苏铁大戟、安博沃大戟、筒叶麒麟等夏型种多肉植物还处于生长旺季，某些品种还能绽放出或娇艳，或素雅的花朵；到10月则生长趋缓，最后完全停止。而景天科的小玉、黄金花月，菊科的蓝松、泥鳅掌、绿之铃、普西利菊，芦荟科的卧牛、冬之星座等春秋季节生长的中间型多肉植物，在较为凉爽的北方地区，8月中旬就已经开始动长了，但生长速度较为缓慢，而在炎热的南方地区仍处于休眠期，到了9月上旬以后，则普遍进入生长季节。番杏科的生石花、肉锥花、绫耀玉、天女，风信子科的弹簧草，景天科的花椿、绿塔、山地玫瑰、稚儿姿、水泡等冬型种多肉植物在8月下旬开始生长，大部分种类的生石花、肉锥花、帝玉、金铃等番杏科多肉植物都在秋季开花。

在光照上，应根据具体种类的不同进行，像龙舌兰科、仙人掌科、夹竹桃科、萝藦科等科的大多数夏型种

▲ Duvalla spec. Addo（萝藦科）

多肉植物可放在室外阳光充足处养护，使其能够健壮生长，以保持株型的优美，表皮的靓丽，具有较好的品相。但在初秋，幼苗最好能放在光线明亮又无直射阳光处养护，以免光照过强，使小苗发红，生长速度减慢或停滞。各种弹簧草等叶子卷曲的鳞茎类多肉植物虽然是冬型种，但在8月中下旬就开始萌芽，长新叶了，一定要给予充足的光照。有条件的话，最好能放在室外阳光充足之处野养，以免因缺光造成叶子卷曲程度不够，看上去跟韭菜叶似的，不能突出品种特色，影响观赏效果。番杏科的生石花、帝玉、金铃、绫耀玉以及肉锥花属中的昼开型种类，在阳光充足的环境中才能开花，也要给予充足的光照。景天科、芦荟科中的玉露、万象、玉扇、寿以及冬云、雪莲等以观叶为主，性喜凉爽的中间型、冬型种多肉植物，则要避免烈日暴晒，尤其是中午前后的直射阳光，以免灼伤叶片；但也不能光照不足，否则会造成植株徒长、株型松散，降低其观赏价值。无论什么类型的多肉植物，长期在光照不足处养护的植株都不要拿到烈日下暴晒，以免环境的突然改变，对植株生长造成不良影响。

▲ 鱼骨葵（牻牛儿苗科）

秋季多肉植物的浇水可按“处于生长期的品种多浇，休眠期的品种少浇；生长旺盛的健康植株多浇，长势弱的植株少浇”的原则进行。总之，既要满足植株生长对水分的需要，又要避免土壤积水，以免造成烂根，严重时甚至整个植株都烂掉。不要在中午前后，光照最为强烈、温度较高的时候浇水，以免因温度突然变化而导致植株腐烂。对于景天科的山地玫瑰、小蓝衣、雪莲、东云等植株呈莲座状的种类，以及瓦苇科的寿、玉露、万象等种类，番杏科的生石花、肉锥花等种类，浇水时要避免水聚集在叶丛的中心部位，以防造成烂心。防雨也是秋天多肉植物管理的重要内容，这是因为秋天的雨往往能持续下数日，即所谓的“秋雨连绵”，这种天气会使土壤、空气长期处于水分饱和状态，对多肉植物的生长极为不利。因此，若遇到这种天气要注意防雨防涝，将花盆放在雨淋不到的地方。

大多数种类的多肉植物生长速度都不是太快，需要的养分也不是太多。因此施肥不必过多，对于生长期的植株，可根据品种和长势以及栽培环境的不同，每15～30天施1次腐熟的稀薄液肥或专用营养液，新移栽的植株和长势不良的植株则不必施肥。施肥时不要将肥液溅到叶子上，以免引起腐烂。除液肥外，还可将缓释性颗粒肥放在盆土表面，使其释放养分，供植株吸收。

在8～9月，我国的不少地区还会有冰雹、暴雨，南方还会有台风、强风暴等恶劣天气出现，晚秋在北方还会出现霜冻、寒流，这些都会对多肉植物造成极大的伤害，严重时甚至全军覆没，使栽培多年的植株毁于一旦。因此，要格外小心，经常注意气象信息，做好防范工作，以预防恶劣天气对植物的伤害。

在晚秋的11月初，当温度下降到10℃以下时，应将多肉植物移入温室内，若遇寒流或其他恶劣天气，无论南方还是北方，也不论哪种类型的多肉植物都要移入温室内，以防因冻害受损。入室前可喷一遍杀虫药物，对室内的栽培场所也要杀菌、杀虫，以杀死越冬的害虫和有害菌类，防止其在温室内蔓延。

在8月底至10月，可对冬型种和中间型多肉植物进行翻盆换土，并结合换盆进行分株繁殖。翻盆时将丛生的植株分开，分别栽种，并修剪根系，去掉腐烂、中空的老根，将过长的根系剪短，以促发健壮的新根。植株栽好后可在盆面铺上一层砾石、赤玉土、兰石等颗粒性材料，既美观，又能防止浇水时将泥土溅到植株上。

冬型种和中间型多肉植物中的生石花、肉锥花、绫耀玉、南蛮玉、寿、玉露、万象、玉扇等种类，还可在9～10月播种。对于当年采收的乌羽玉、兜、安博沃大戟、筒叶麒麟等夏型种多肉植物种子，可在8～9月随时进行播种。仙人掌科、大戟科的一些品种的多肉植物也可在8月中旬至9月下旬进行扦插、嫁接繁殖。对于正处于开花期的仙人掌科的乌羽玉、兜以及番杏科的生石花、肉锥花等多肉植物，应注意进行人工授粉，以促使其结出品质优良、出苗率较高的种子。

▲斧叶椒草（胡椒科）

冬季天寒缺光 重在增光温

气象学上的冬季是指连续5天平均气温在10℃以下的日子。按我国农历二十四节气的说法，冬季是从11月7日前后的立冬节气开始，到翌年2月4日前后的立春节气结束。这是一年中最为寒冷的季节，同时也是一年中光照时间最短的季节，因此多肉植物的冬季管理应围绕着防寒保温和增加光照进行。

由于我国幅员辽阔，各地气候高低悬殊，冬季开始与结束时间也不尽相同，其时间的长短相差很大。我国的华南地区属于热带或亚热带气候，几乎没有冬季，只是在寒流到来时才有短暂的降温，而寒流一旦过去，温度立刻回升。而在东北、西北等地区，10月中旬的气温就降到了5℃以下，有时还会降雪下霜，若不及时采取防护措施，会对多肉植物的生长造成很大的影响，因此其冬季也要因地制宜，根据各地气候进行管理。此外，还要根据多肉植物不同的类型、种类进行管理，使其顺利度过寒冷的冬季。

冬型种多肉植物的越冬温度最好夜间能维持10℃左右，白天在20℃以上，在此条件下宜保持土壤湿润，但要避免积水，以防烂根；不能长期干旱，否则植株即使不会死亡，其生长也会停滞，叶片干瘪，缺乏生机，达不到最佳品相，影响其观赏价值。根据品种的不同和生长情况，酌情施些腐熟的稀薄液肥或复合肥，但不可过量，以免造成肥害；也可将一些缓释性颗粒肥料放在盆土表层，使其释放养分，供植株吸收。如果保持不了这么高的温度，就要控制浇水，但不能完全断水，并停止施肥，使植株休眠，这样也能耐5℃或低温的温度，甚至0℃的低温。

▲寒鸟巢缀化（景天科）

夏型种多肉植物在冬季处于休眠状态，应保持5～10℃的温度，有些品种虽然低于5℃也不会死亡，甚至在0℃也能存活，但植株表面容易产生难看的黄斑，影响品相和观赏价值降低。但温度也不宜过高，否则打破其休眠期，反而对第二年的开花不利。一般以不超过10℃为宜，并停止施肥，严格控制浇水，有些品种甚至可以完全断水，以确保其有足够的休眠期。如仙人掌科的龙王球、白檀等品种，如果冬季温度过高，土壤潮湿，植株不能充分休眠，反而影响以后的开花。

春、秋季节生长的中间型多肉植物的冬季管理相对容易些，栽培环境温度较高可按冬型种进行管理，使植株继续生长；如果栽培温度较低，则按“夏型种”进行管理，使植株休眠，但要注意温度不能太低，最好维持5℃以上。

无论何种类型的多肉植物，冬季都应给予充足的阳光。若光照不足，会使正处于生长期的品种植株徒长，株形松散，生长点附近颜色变浅，特别是一些呈球形的种类，其顶端生长点会突然变细，形成一个近似于圆锥形或圆柱形的小凸起，严重影响观赏价值。尤其是光照不足再加上高温、盆土潮湿，更容易出现这种

▲白帝城（芦荟科）

情况，正处于花期的品种还会造成花朵难以开放。因此，栽培中要尽量避免这种不利于植株生长的环境，若温度过高，光照不足，就要适当降温，控制浇水，使其长得慢些，反而会收到良好的效果。而处于休眠期植株若光照不足，会降低其耐寒性，可根据具体环境进行管理，如果栽培环境光照条件较差，应完全断水，只要不过于荫蔽就可安全越冬。在保温设施上，专业栽培者有大型温室，其保温和透光性都很好；一些普通的多肉植物种植户则应搭建土温室、塑料大棚进行保温。无论采用哪种保温设施都要有一定的昼夜温差，使白昼的温度比夜晚高出5℃左右，以利于植株的生长。

多肉植物冬季的浇水时间可在天气晴朗的上午10～12点，水温应与室温接近，可将手放进水里，以不感到冰凉为宜。对于正在生长的芦荟科的瓦苇属、沙鱼掌属、芦荟属，景天科的莲花掌属、石莲花属，仙人掌科的蟹爪兰、仙人指等植物，还需要有一定的空气湿度，温室或大棚是封闭的，其空气湿度一般能满足植物的生长需要。如果空气过于干燥，可用温水向植株周围喷洒，以免造成叶尖干枯，但也要防止水珠长时间滞留在叶片上，特别是植株中心生长点附近，否则会造成叶片腐烂，甚至全株都烂掉。此外，还要注意如果大棚内空气湿度过大、昼夜温差过大，大棚的塑料膜会滴水，如果水珠长时间滴在植株上则会造成该部位烂掉，严重时甚至整个植株都烂掉。

对于冬型种和中间型的多肉植物，如果保温设施完善，能有持续的温暖环境，冬季还是繁殖的大好季节。景天科石莲花属的黑王子、吉娃莲、静夜，芦荟科的琉璃殿、玉扇、万象、寿、卧牛等多肉植物这时可进行叶插繁殖。其他品种的多肉植物，只要温度合适都可进行扦插或分株、播种繁殖。

值得一提的是，即使同一类型的多肉植物，其管理也应按照具体品种的要求，采取相应的措施，如冬型种景天科的青锁龙属、银波锦属的植物在冬季应保持盆土湿润；而同为冬型种的番杏科生石花属、肉锥花属的植物冬季则要适当控制浇水，也不要向植株喷水。

多肉植物的繁殖

多肉植物的繁殖主要有播种、分株、扦插、嫁接、组培等方法。

播种

播种是多肉植物最原始的繁殖方法，也是培育新品种的主要方法。用播种方法繁殖的苗称为“实生苗”。实生苗虽然初期生长缓慢，但品相好，端庄耐看。大戟科的筒叶麒麟、皱叶麒麟之类具有块根的种类，播种后长出的植株，能长出肥大的块根，很受玩家的青睐，当然其价格也相对较高。

云映玉优选种

要获取优良的种子必须有良好的母本，其特征是：植株生长健壮，基本无病虫害，具有该品种的优良特点。每个品种要有两株以上，最好它们有着不同的来源，以免出现近亲繁殖现象，影响种子质量。在开花时可进行人工授粉，以获取种子，种子成熟后要及时采收，以免流失。

肉锥花属、生石花属等番杏科多肉植物的果荚为吸湿性蒴果，具有遇水即开裂，释放出种子的习性。要从果荚取种子时，可将果荚放在盛有清水的小碗或其他容器里，等果荚开裂后，用手指捻出种子，种子就会沉到水底，然后倒去清水，将种子晾干后贮藏。

多肉植物的播种时间，可根据其生长类型选择适宜的季节。像冷凉季节生长的生石花、肉锥花、万象、玉扇、玉露、弹簧草等品种，最好在秋季或冬季、早春播种；而乌羽玉、兜、龙舌兰类、沙漠玫瑰等温暖季节生长的品种，最好在晚春、夏季、初秋等季节播种。而且还要注意种子的新鲜程度，最好用当年或者上个生长季节所采收的种子，甚至可以随采随播，以保证出芽率。

播种用土要求疏松透气，具有较小的颗粒度和一定的肥力。一般可用草炭或泥炭掺蛭石和细颗粒的赤玉土混合配制，最好能用微波炉或者高锰酸钾对其进行消毒灭菌。播种方法可根据种子颗粒的大小，采用点播或撒播。番杏科的生石花、肉锥花、景天科的雪莲、东云等品种，因种子细小，播后不必覆土；仙人掌科的乌羽玉、兜，芦荟科的玉露、万象、卧牛等颗粒较大的种类，播后可覆土，其覆土厚度为种子颗粒大小的 2 倍左右。播后在盆面覆盖玻璃片或塑料薄膜，进行保温保湿。对于大多数的多肉植物来说，种子发芽需要较高的土壤湿度，即便是喜欢干燥的生石花等种类，播种后也要求有足够的湿度和温度，甚至可以用水将种子泡起来。因此，播种后应随时检查土壤的湿度，干时应及时补充水分，以保证土壤有足够的湿度，有利于种子的萌发。浇水不要从盆面浇，以免将种子“冲”走，可采用“洇灌”的方法，将花盆放在水盆里使水通过盆底的排水孔洇入土壤。

用播种方法繁殖的生石花苗

扦插

扦插是多肉植物的主要繁殖方法之一，用扦插方法繁殖的植株谓之“自根苗”。对于大多数多肉植物种类来说，自根苗能够长出发达的根系，健康生长，并开花结果；但对于夹竹桃科的沙漠玫瑰、惠比须笑，大戟科的筒叶麒麟、皱叶麒麟，以及仙人掌科等具有肥大块根的种类，自根植株往往只有发达的须根，而长不出肥硕的块根。

扦插的方法包括茎插、叶插、根插、芽插等。

在介绍扦插方法之前，我们先认识一个词——“砍头”。所谓的“砍头”也叫“切顶”，是将某些种类的多肉植物从中间将上部截断，上部的“头”晾一段时间，等伤口干燥后，进行扦插；下部的“把子（也称底座）”就会萌发出芽，等这些芽长到一定大小时，取下进行扦插。此法常用于一些珍贵和难以从基部萌发侧芽的种类，像芦荟科瓦苇属的万象、玉扇、玉露、寿、天使之泪、瑞鹤，龙舌兰科的冰山、辉山，景天科的雪莲、东云、富士、凤凰等株型呈莲座状的种类，以及大戟科、萝藦科、仙人掌科的一些肉质茎呈柱状或球状的种类。

砍头后的罗密欧东云

经过一段时间，罗密欧东云底座发芽了

茎插 适用于仙人掌科、大戟科、萝藦科、马齿苋科、景天科、夹竹桃科等一些有着独立的茎的种类。方法是取其健壮充实的肉质茎，晾数天，晾的时间根据品种的不同而定。像叶仙人掌、虎刺梅、马齿苋树、花椿、花月、莲花掌、艳日辉等肉质茎较细的种类，晾5天左右；而对于仙人球、大花犀角、丽钟阁、帝锦、春峰等肉质茎较粗、其伤口较大的种类，可晾7～10天或更久；像有些从三棱箭上取下的茎段，因伤口较大，可晾15天以上。总之，晾的目的是让伤口干燥，以避免其感染，造成腐烂。有些砍下的“头”，甚至可以晾到从根部长出新根再上盆栽种。

叶插 适用于景天科石莲花属、青锁龙属的某些种类，芦荟科瓦苇属的玉扇、万象、寿、玉露等软叶系列的种类，琉璃殿等少数硬叶系品种，以及沙鱼掌属的卧牛、卧牛龙、恐龙等。叶插时取健壮充实的肉质叶，要求有完整的基部，以利于萌芽。扦插前也要晾3～5天

叶插的木叶克里克特寿

以上，使伤口干燥。然后平放或斜插在土壤中，使基部与土壤结合紧密。以后保持土壤湿润，但不要积水，以免造成叶子腐烂，过一段时间后基部就会长出一个或数个新芽，等这些新芽长大后，取下扦插。

根插 主要用于芦荟科瓦苇属的万象、玉扇，菊科的普西利菊等有着较粗肉质根的品种。万象、玉扇的根插有两种方法，一种是用隔年的壮实根，从植株的根基处切下，埋入土壤中，顶部露出0.5～1厘米，保持介质半湿，并注意遮光，其顶端会有新芽长出；另一种方法是将植株连根稍稍拔起，在主根0.5厘米处全部切断，残留在盆土中的根则有新芽长出，剩余的部分晾几天，等伤口干燥后重新栽种，成为新的植株。

根插的万象已经萌芽

对于普西丽菊则可将肥大的肉质根埋入土壤中，顶端露出土面，不久就会有新芽长出。

分株

分株主要用于龙舌兰科、芦荟科、景天科、大戟科、萝藦科等基部容易萌发侧芽的种类，此外，番杏科肉锥花属、舌叶花属等容易群生的种类，某些容易从基部萌发新芽的仙人掌科植物，也可用分株的方法繁殖。方法是在生长季节或者休眠期刚结束的时候，将群生的植株

从盆中扣出，分成数株，然后分别栽种即可。为了防止伤口感染造成腐烂，可在伤口涂抹硫黄粉、木炭粉、多菌灵等，最好能晾几天，等伤口干燥后，再植于土中，以后保持土壤稍干燥，以促进根系的恢复。

嫁接

嫁接主要用于仙人掌科、大戟科、萝藦科和夹竹桃科的一些品种的繁殖，在仙人掌科植物斑锦类植株上的应用尤为广泛，可有效地加快生长速度，促使植株提前开花。在新品种引进，珍稀品种的保存与抢救以及大规模生产等方面有着重要意义。但由于嫁接植株自身存在着容易提前老化，株型也较为松散，而且在观赏价值上也不如通过播种、扦插繁殖的植株那么自然，因此嫁接只是权宜之计，真正的玩家对此是不屑的。但一些植株呈红、黄、白等颜色的斑锦变异植物，由于体内叶绿素稀少，必须嫁接，依靠砧木提供养分，植株才能生长迅速。

砧木的选择 作砧木的品种要求根系发达，适应性强，根系发达，吸收能力好，长势强健，与接穗有着有较好的亲和力，抗病力强，有一定的耐寒性。常用的砧木有仙人掌科的量天尺（也称三棱箭）、草球（包括花盛球、短毛球等仙人球属植物）、青叶麒麟、木麒麟、叶仙人掌（常用于嫁接蟹爪兰、仙人指以及山吹、子孙球等小型球）、仙人掌、龙神木、袖浦柱等；大戟科的霸王鞭、帝锦；萝藦科的大花犀角；夹竹桃科的非洲霸王树、棒槌树等。

嫁接技术 嫁接方法主要有平接、劈接等。

平接：这是多肉植物嫁接中应用最广泛的方法，适用于大多数的仙人掌科、萝藦科、夹竹桃科、大戟科等多种多肉植物。方法是选择健壮充实的砧木，在适中的位置用锋利的刀横切一刀，再把各棱的边缘作20° ~ 45° 斜削，然后将接穗下部也横切一刀，立即安在砧木上。放置时，要注意接穗与砧木的维管束对齐至少要有部分重合，然后用线或者皮筋纵向均匀地捆几道，以利于二者结合紧密。

▲ 象牙球锦的一个疣突嫁接成活后，萌发小球

劈接：多用于嫁接蟹爪兰、仙人指、假昙花、令箭荷花、落花之舞等植株呈片状的多肉植物，砧木可选用厚实的片状仙人掌、量天尺等。方法是将砧木横向切一刀，再在其切口纵向切一口，再将接穗削成楔形或鸭嘴形，插入砧木的切口内，固定好就可以了。

由于叶仙人掌形态呈灌木状，用其做砧木嫁接蟹爪兰等植株呈片状的种类时，可将砧木劈开，将接穗下部的皮削去，插入砧木中即可。

而用其嫁接山吹、子孙球等小型球类时，可将叶仙人掌的枝条削尖，插入接穗内。

芦荟嫁接万象 万象虽然用播种、叶插、根插、分株等方法都能够繁殖，但其长势弱、容易烂根、度夏困难、生长缓慢，而且对植料、养殖技术要求都比较高，必须用赤玉土、鹿沼土之类的颗粒土才能健壮生长。因此，万象一直是多肉植物中的“贵货”。尽管如此，其富于变化的叶子还是受到资深玩家的青睐，有不少玩家专门收集栽培万象。

天津的多肉植物资深玩家岩鸣经过探索，以芦荟属中的不夜城芦荟做砧木，嫁接万象，取得了成功。经过观察，嫁接的万象植株饱满，而且不易烂根，对土壤要求不严，普通的园土就能种植，度夏也较为容易。

此项成果公布后，引起了不少玩家的惊呼。担心这项成果会使得一些名优万象品种大量上市，引起市场的动荡，有人甚至说：“这是万象的末日。”对此，岩鸣解释说：“芦荟嫁接万象，只是一种尝试，是爱好者的一种捣鼓和折腾，与市场无关。而且其技术难度以及对环境的要求都相当大，远远高于现在常用的仙人掌科植物嫁接。而且嫁接会使得植物品种特征早现，导致植物的微缩化或者畸形，不符合玩家的审美要求，所以嫁接最后不会影响主流玩家。因此，依靠嫁接提升生长速度只是初级栽培的一种权宜之计。像仙人掌科植物的嫁接用了这么多年，到最后玩家还是回归到实生。万象嫁接的主要意义在于其生长速度比自根植株要快得多，可以有助于植物的开花授粉、收种子，从而提高其杂交率（这一点在仙人掌科植物上已得到了很好的证明），有助于加速我国的实生杂交名优多肉植物育种的步伐。不过也有证据表明，嫁接株杂交后代特征不好，但是早期也可以容忍吧，毕竟路要一步一步走。”

芦荟嫁接的万象

嫁接后的养护 嫁接好的植株宜放在没有直射阳光处养护，要求有一定的空气湿度，适当的通风，以利于伤口的愈合。浇水时要避免水洒到砧木与接穗结合处的伤口上，甚至在这段时间内可以完全断水，以免伤口感染造成腐烂。小球4～5天，大球7～8天接穗仍能够保持饱满不萎缩，表皮不变色，即表示嫁接成活，可解除绑线。以后一段时间内仍需适当遮光，并注意勿使外力碰到接穗，以免将其碰掉。

组培

组培常用于芦荟科瓦苇属、沙鱼掌属、芦荟属等种类的多肉植物繁殖，具有繁殖系数大、能够批量生长、适当拉低高档品种的价格、有利于高档品种的普及化等优点。但也会使得一些珍贵品种泛滥，使得一些资深玩家对其失去兴趣。而且据一些爱好者说，组培货还不好养，长得慢，容易烂，因此组培的东西在多肉植物圈内争议很大，认为组培与嫁接一样，都是“低档”的象征，是很不上档次的东西。其实，组培的东西只要养护得当，照样能够长得很好，开花结籽，繁衍生息。

由于组培对环境、设备、技术都要求较高，如果没有专业化的组培室很难进行，因此普通的多肉植物爱好者很少采用此法繁殖。但这并不妨碍我们去购买一些经过充分“硬化”（组培快繁苗由于在一个几近完美的环境下生存，其抗逆性和自控性就很差，这就需要在从实验室进入温室后进行驯化栽培，行内称作“硬化”）的组培苗或成株。

病虫害防治

多肉植物的病虫害包括病害和虫害两个方面。病害又分由病菌、病毒等引起的侵染性病害和由栽培环境不好、管理不善引起的生理性病害。

病害

腐烂病 包括赤腐病、软腐病、黑腐病等，由细菌从伤口侵入植株体内引起的，轻者植株局部腐烂，重者整个植株都会烂掉，此病来势凶猛，一旦发现要及时救治，先将植株从土中挖出，切去腐烂的部位，在伤口处涂抹多菌灵、硫黄粉等，并晾到伤口干燥，甚至晾到新根露头后再入土栽种，以免造成伤口再度腐烂；如果腐烂部分过大，无法挽救的话，只有将植株丢弃，最好将用过的土和盆器进行灭菌消毒，然后再用，以杀灭残留的病菌。

炭疽病 使叶片出现黑斑，严重时整个植株的叶片全部黑尖，中间部分出现块状黑斑，使叶肉萎缩，甚至出现死叶。立枯病，使整个茎部萎缩变红，叶片脱落，脱落的叶片也不能用来叶插，最终变红变黄，直至枯萎。这些病都可以通过浇灌甲基硫菌灵＋利效灵溶液来防治。

此外，还有猝倒病、锈病等病以及因栽培环境不良引起的生理性病害，像因缺光造成的徒长，强光暴晒引起的灼伤，积水引起的烂根，闷热潮湿引起的腐烂，长期不换土、不修根造成的根系老化、丧失吸收能力等。可通过改善栽培环境、适当增加光照（因为阳光不仅是最好的杀菌剂，而且还能够通过光合作用，使植株合成更多的养分，从而达到植物健康生长的作用）、每年都要进行换土等措施，以促进新根的生长，使植株生长健壮，避免生理性病害的发生。同时，这些措施还可提高自身的免疫力，有效地抵御各种病毒、病菌的侵害。

虫害

介壳虫 包括粉蚧、盾蚧等，这是多肉植物栽培的杀手，一旦感染了介壳虫，对于植物来说是最顽固的一种虫害了。我们可以到农资部门去买正式的溶蜡性的杀虫剂来进行防治，蚧必治、吡丙醚、噻虫嗪、克百威等。

红蜘蛛 危害仙人掌科、大戟科、萝藦科等多种多肉植物，在高温干燥、通风不良的环境中繁衍最快，植株受害后表皮呈铁锈色，生长衰弱，即使喷药杀死虫体后，锈斑也不会消失，不仅影响观赏，而且会造成植株抗性下降，生长缓慢，甚至停滞。由于红蜘蛛虫体很小，肉眼难以看清，往往发现时为时已晚，这就要求平时注意预防，在闷热的天气注意加强通风，向周围洒水，以增加空气湿度。发现虫害后及时喷药，氧化乐果、敌敌畏、三氯杀螨醇等都是不错的选择，药的使用方法和浓度可以参考说明书。对于已经造成危害、形成锈斑的植株，可在杀灭虫体后作为繁殖用的母株，砍去顶部，以促发仔球，等仔球稍大些切下扦插。

土壤害虫 包括根粉蚧、线虫、弹尾跳虫、蚂蚁、蛴螬等，它们生活在土壤里，危害植物的根系，在咬食植物时会形成伤口，从而造成菌类或病毒感染，使得植物腐烂，甚至死亡，可利用微波炉或其他方法对土壤进行高温处理，并在土壤里掺些克百威或其他杀虫剂，进行预防。

此外，粉虱、鼠妇、蜗牛、蝗虫、蚱蜢以及老鼠、鸟雀等动物危害，甚至饲养的猫、狗、鸡、鸭等宠物或动物都会对多肉植物造成危害，也要注意防范，以免造成损失。

走出误区，识破骗术

不少刚刚踏进门槛的初学者，对多肉植物的认识方面存在着不少的误区，这些误区直接或间接地影响着对多肉植物的栽培和品种引进，严重者甚至导致失败，从而影响对多肉植物的兴趣，有些爱好者还会因为失败而彻底放弃多肉植物。

栽培误区

多肉植物耐旱喜干 逛花市，买了盆精美的“肉肉”，卖花的老板一定会嘱咐你：“回家后千万不要浇水，半个月后再稍微淋点水……”，按照这种方法管理，植物的确在一定时间内不会死亡，但也不会生长，即便是生长也是极为缓慢，而且植株干瘪，缺乏生机，严重影响观赏。那么，耐干旱的多肉植物为什么会这样呢？因为，什么事情都要有个度，超出了这个度，必然会造成不良后果，多肉植物的耐旱能力也是在一定的范围内，超出这个范围，植物必定会受到伤害，严重时还会造成死亡。

大多数种类的多肉植物的确耐旱，但耐旱并不是喜欢干旱，尤其是长期的干旱。在生长旺盛时，一定要给予充足的水分供应，这样才能使植株生长旺盛，生机盎然。多肉植物在浇水时一定要浇透，使多余的水分从盆底的排水孔中流出。但休眠期就要严格控制浇水了，不少人栽培多肉植物失败的原因都是“手痒”，控制不住自己的手，在休眠期浇水不当而导致植株烂掉。因此，在休眠期一定要管住自己的手，切莫盲目浇水。

浇水要干透浇透 “干透浇透”似乎已经成了共识，其实这只是某些专家的口头禅，如果真的这样做的话，是很伤植物的。我们知道，植物，哪怕是耐旱的多肉植物，根系脱水都会造成有关细胞组织的破坏。家庭栽培多肉植物的环境又不同于空气湿度较大的大棚，因此维持适当的土壤水分是必要的。家庭栽培多肉植物可改为在生长期保持土壤湿润而不积水，不必等土壤完全干透再浇水。这样可以在保证不因为过多的水造成植物生理障碍的前提下，最大限度地维持植物的根毛不被干死，植物的根毛也不必一直处于枯死——复活——再枯死的循环，有限的营养可以最大限度地得到积累，植物长得自然会越来越好。此外，浇水还要根据具体的品种习性区别对待，像芦荟、玉露、寿等喜欢润泽的环境，就需要多浇水，并增加空气湿度；而番杏科的生石花喜欢干燥的环境，则要少浇水，空气湿度也不必那么大。总之，要创造一个适宜其生长的环境。

此外，还要防止“滞水”现象的发生。所谓的“滞水”，是指浇水或向植株喷水后水分不能够在一定时间内蒸发，长期滞留在盆土中或植株的中心部位，从而造成烂根、烂心，严重时整个植株都烂掉。解决的方法除了增加土壤的通透性、排水性外，还要在夏季增加空气的流通性、冬季增加阳光的照射，以使水分蒸发，然后再及时浇水，以补充新的水分。这样水分不断地更新循环，十分有利于植物的生长，即所谓的“流水不腐”，也是适用于植物的。

肉肉秋天不怕晒 8月中旬至10月初，我的几盆放群生的肉锥花还有几株生石花，放在阳台内侧，早上还是好好的，到了下午竟然成为白色，像是蒸过了一样。原来这些植物是被强烈的阳光晒熟了，一命呜呼。还有几棵寿的中心部位的生长点也被晒熟了，尽管植株没有死，但株型已经彻底被毁掉，没有观赏价值了，而且再也不能生长了，只能当做繁殖的母株，使其出侧芽，繁育新的植株。为什么炎热的夏季，这些植物没有被晒伤晒死，到了秋高气爽的秋天反而被晒得死的死，伤的伤呢？

▲晒坏了的生石花

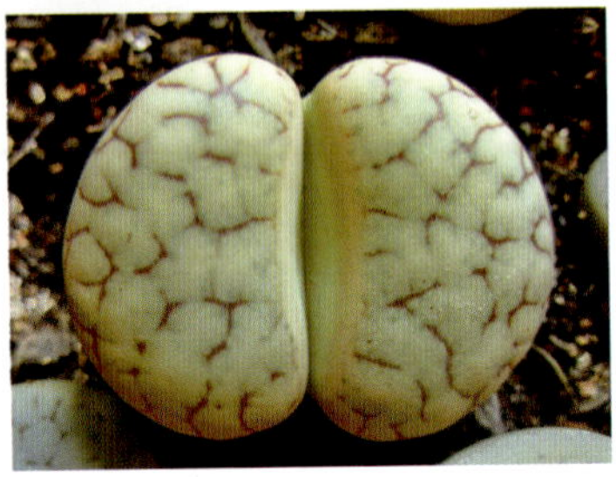

▶脱皮后又恢复了原来的状态

据我个人观察和分析，夏天的阳光虽然强烈，但是直射的，照不到阳台里面，再加上植物本身处于休眠期，自然安然无恙；而到了秋天，阳光是斜射的，能照射到阳台内侧，而且秋天的气候特点是天高云淡，空气的通透性好；再加上植物开始生长，其植株生长点附近的新叶较为娇嫩，自然容易被强烈的阳光灼伤，甚至晒熟；尤其是清晨喷水后，在晴朗的天气里，水珠聚集在植株的生长点，呈凹透镜状，其局部温度极高，更容易将植株灼伤。本人的一棵金铃就是这样死去。因此在夏秋季浇水一定要把握好时间，不要在早上或者中午前后阳光强

▲晒伤后的木叶克里克特寿

▲全锦的玉露

烈的时候浇水，最好在傍晚太阳下去后再浇水，以免造成损失。此外，长期在室内或者其他光照稍差的环境中栽培的植株，也不要突然拿到烈日下暴晒，以免灼伤植株。

但在生长季节一定要给予充足的阳光，以免因光照不足引起植株徒长，降低观赏价值。阳光是最好的杀菌剂，也就植物最好的着色剂和美容剂。冬天由于温度低，日照时间短，因此更要给予充足的阳光。

全锦植株都不能自然生存 在传统的观念中，斑锦变异中的“全锦”植株由于体内缺乏叶绿素，不能通过光合作用合成养分，从而难以独立存活。在栽培中，对于仙人掌科中的全锦植株必须嫁接，依靠砧木提供养分，植株才能正常存活；而对于瓦苇、龙舌兰中的全锦植株因离开母本难以存活，只有让它永久地留在母本上或将其抛弃。其实，这种观念是错误的，因为经过实践证明，不少全锦植株不仅能够自然存活，而且还活得很好，只不过与同一品种的非斑锦植株相比，其生长速度相对较为缓慢而已。

众所周知，大自然中的任何颜色都是由红、绿、蓝这三种颜色构成的，谓之“三原色”。因此，可以理解为全锦植株体内或多或少都含有一定的叶绿素，只不过是隐藏在斑锦的颜色中，我们肉眼难以看到罢了。有时全锦的植株上会出现一丝丝的绿色斑纹（俗称“逆斑”），也印证了这一论点。景天科的黑法师、黑王子等非斑锦类植物的叶子呈黑色而能够健康生长，而且阳光越强烈，叶色就越深，而长时间的光照不足叶色则为绿色，在生长旺盛时叶色也略微泛绿，因为这些植物的体内都含有绿色，只不过是被其他色彩所掩盖，没有显现出来，肉眼没有看到而已，但并不代表着没有。只不过是这些植株通过这些少量的叶绿素进行光合作用，所合成的养分基本能够满足植株生存的需要，并能够缓慢地生长。

由于自然存活的斑锦苗生长太慢了，因此在栽培中，对于仙人掌科等的全锦植株常用嫁接的方法，通过砧木提供更多的养分，以加快生长速度；而对于瓦苇科、龙舌兰科的全锦苗，由于无法嫁接，只能让其留在植株上，依靠母本提供养分，促其生长。

好模样要有充足的水肥 除了优美的形态外，多肉植物的叶色，尤为是景天科中的某些种类，也是非常迷人的，除了绿色外，红、粉、白等颜色也应有尽有，还有那萌萌的“果冻色”，更是令人着迷。为了保持这些植物的“好模样”，有人就给予优待照顾，又是加施肥料，又是勤浇水。殊不知，这些迷人的植物颜色是不稳定的，是根据栽培环境的不同和季节而变化的。在阳光充足、冷凉、昼夜温差较大的环境中，并经过控水等手段，使植株生长缓慢或完全停滞才会显现出来。难怪有人说“景天的好颜色是虐出来的”。如果在室内或者其他光照不足、昼夜温差较小的环境中，或者有正常的水肥供应，植株生长旺盛时，这种萌萌的颜色就会减弱，甚至消退。如果严重缺光，植株还会徒长，原来立着或斜着生长的叶子，会变得平展，谓之“摊大饼”；对于叶子卷曲的各种弹簧草，如果在光照不足，水肥过大，则会使得叶子卷曲程度降低，丧失那种扭曲盘旋的固有特征，降低观赏价值，严重者甚至叶子倒伏。对于这些植物，栽培中控制浇水，强光暴晒，适当地虐一虐，反而模样儿会更好。

▲ 在阳光充足之处生长的弹簧草

▲ 因光照不足徒长的弹簧草

识假辨伪

以假乱真伎俩多 不少花友都喜欢在网上购买植物，网络上骗子不在少数。有的将普通颜色的蟹爪兰用电脑软件做成蓝色，号称“蓝色蟹爪兰”；把一种叶子像兔子耳朵的番杏科多肉植物碧光环的嫩叶做成不同颜色，称为“七彩小兔子或彩色小兔子”。更有甚者，在淘宝网上，竟然有人把常见的不夜城芦荟当做龟甲牡丹卖，可谓滑天下之大稽。而卖假种子更是

▲ 网店里的蓝色蟹爪兰

▲ 网店里所谓的“七彩小兔子”

▲ 网络上被当做龟甲牡丹出售的不夜城芦荟

数不胜数，不少花友买到假种子播种后不出苗，即便是出苗货也不对，有的花友经过数年的养护，等开花后才知道当初买的是假种子，而此时经销商或者蒸发得无影无踪，或者干脆死不认账，摆出一副死猪不怕开水烫的架势，而消费者也不想再为这几十元的种子花费更多的时间和精力，只得忍气吞声，不仅白白浪费钱财和时间、精力，自己搞得心情也不好。

那么，什么原因使得这些骗子肆无忌惮地行骗呢?

主要是“便宜”，这些商贩出售的东西都是几块钱或十几块钱的东西，而且广告宣传也做得非常好，精美的图片、舌巧如簧的游说，诱人的价格自然能吸引住花友，尤其是那些缺乏经验，看什么都新奇的刚刚入门初级花友。

其次是监管难，一般市场监管人员或淘宝网的管理者都不是专业的花卉工作者，他们对植物的鉴定几乎没有任何经验，很难发现不良商贩卖的是假货，而一些游动商贩采取“打一枪，换一个地方”的方式，更增加了监管的难度。

那么，怎么才能避免上当受骗呢?

第一，充实自己，学点基本的植物学常识，因为很多奸商的植物学知识并不丰富，因此编出来的谎言往往是漏洞百出，稍微有点植物学知识的人很容易识破他们骗人的伎俩。

第二，把握好自己，不要贪图便宜，不要相信那些贩子舌巧如簧的宣传，也不要相信所谓的“高科技”植物，更不要相信那些花花绿绿的图片中的植物是真实存在的，也不要相信那些蛊惑性的文字是真实的，不要购买自己不熟悉，甚至从没听说过的植物。

“水滴莲”等植物有神奇的功效，是真的吗? 这是淘宝网上一段关于“水滴莲”的介绍：“水滴莲为景天科莲花变种精品，至寒物精品，为景天科2012年最新品种，多年生新品种草本植物，其造型独特为仙人类精品，是一种有较高观赏价值的植物。它是水培花卉的艺术精品，有吸收电磁辐射、净化空气、除尘、杀毒的作用，也是天然的空气清新器，还具有吸附尘土，净化空气的作用。”

那么，这种“水滴莲”究竟是什么样的植物呢？真的有这么多神奇的功能吗？从网店贴出的图片来看，这种所谓的“水滴莲”应该是一种叫子持年华的多肉植物，只不过拍照时在其莲座状的植株上喷了一些水，晶莹的水滴落在叶丛上，使得植物显得较为美观而已。

▲所谓的“水滴莲”

子持莲花，也称子持年华。有些网店见其茎蔓披散生长，顶端的小莲座状叶丛犹如散开的花朵，就将其称为“天女散花”。该植物在本书的46页已经做过介绍，子持莲花并不是什么稀有神奇的植物，也不是所谓的新品种，而是很常见的普通多肉植物。它耐干旱，怕积水，不能进行水培，也没有吸收辐射、防尘、杀毒等功能。尽管如此，子持莲花不失为一种美丽的小型多肉植物，适合用小盆栽种或与其他种类的多肉植物合栽，做成组合盆栽，装饰阳台、窗台、桌案等处，轻盈飘逸，自然清新，别有一番特色。

▲ 真实的子持莲花

类似这种夸大成分的植物介绍，在一些网店屡见不鲜，像把一种景天科石莲花属，类似“吉娃莲”的多肉植物称为“鸿运观音莲”，称其为“仙人类荷花新型精品，为仙人科最新品种，多年生新品种草本植物，其造型独特为仙人类精品，是一种有较高观赏价值的植物，它是水培花卉的艺术精品。有吸收电磁辐射、净化空气、除尘、杀毒的作用，也是天然的空气清新器，还具有吸附尘土，净化空气的作用。”把一种叫大地翅膀的十字花科植物称为“凤尾仙子”，说其是“景天科极品多肉植物，外形独特，属中美联合研发成果之一，是所有景天科植物不可媲美的，而且耐寒耐高温，可在30℃以上及－30℃的环境中生长，还可将电脑辐射化整为零。”

▲ “鸿运观音莲”

大地翅膀

吉娃莲

真正的观音莲

稍微有点植物常识的人都会看出，这些内容中有不少是常识性错误，可见卖家对植物了解得并不是很多，甚至可以说是白痴，只不过杜撰谎言，将普通植物介绍得天花乱坠，蒙人骗钱而已。有意思的是，所有卖这类植物的网店都是用一张照片，而且全部以种子的形式出售，并赋予“吸收电磁辐射、净化空气、除尘、杀毒”等多种功能，有的商家还打出了“全网独家销售”的牌子，以增加其卖品的稀有程度。尽管明眼人一看就懂这是假的，但仍有一些人，尤其是刚刚入门的新手上当受骗。喜欢珍奇植物的朋友可要擦亮眼睛，切不可被这些吹得神乎其神的花言巧语所忽悠，上当受骗。

莫给花卉过分“化妆”

在一些花卉市场上常常会看到一些经过“化妆美容”的多肉植物，其中以不同品种的仙人球最为常见，其植株有大有小，将球体染成红、黄、绿、蓝等不同的颜色，尤其是生长点附近更为显著，有些还带有荧光色，看上去亮晶晶的。与自然颜色的仙人球相比，这些经过“化妆美容”的仙人球虽然外观很鲜艳，但显得非常假，给人以媚俗的感觉，缺乏自然质朴的韵味。除仙人球外，还有人用这种方法对景天科的观音莲进行化妆。其实，这些都是用自喷漆或者其他颜料染出来的。此外，还有商户将一些仿真花插在金枝玉叶、仙人球、条纹十二卷的叶腋或叶尖等部位，进行美化，使之更加“漂亮”。

经过『美容』的仙人球

将仿真花插入一种叫世界图的仙人球内

条纹十二卷的叶尖上插的仿真花

这种过分“美容”的仙人球和观音莲，虽然能“忽悠”住一些经验不多的花卉爱好者，甚至还有一些顾客专门订购这些经过“美容”的仙人球。但不少资深爱好者和专业人士嗤之以鼻，认为此举得不偿失。因为，人们喜欢这些植物，是喜欢它们的自然质朴之美，而经过染色后则失去了其固有的自然美，显得做作虚假，而且还有一股难闻的化学涂料气味。此外，由于油漆或其他染料还会堵塞植物表面的气孔，使其呼吸困难，从而造成植株长势减弱，严重时还会造成球体死亡。而将仿真花插在植物的叶尖内，就像人体内插入一根根粗大的锐利的刺，对植物的伤害也就可想而知了。

对仙花卉进行适当的美化，像换个漂亮的花盆，在盆土表面撒上具有装饰作用的石子、陶粒、彩砂，剪去枯枝败叶，使其变得更加漂亮，有个好的“卖相”，顾客也喜欢，这无可厚非；但是“美容”过火，失去植物固有的自然趣味，就变得虚假、难看了，如果对植物本身造成伤害，就更得不偿失了。

多肉植物真能防辐射吗 放在电脑旁的多肉植物能吸收辐射，在很多人心中已成为“科学常识”。它们是否具有科学依据呢？其实这种“防辐射”功能是商家为吸引顾客，促进销售“吆喝”出来的，完全没有科学依据。

那么，多肉植物能防电脑辐射的流言又是从何而来的呢？它来自上世纪 80 年代瑞士沙尔多纳地球生物学研究所的一项研究。科研人员找来一群经常头疼和疲劳的白领，在他们办公桌上的显示器旁摆放一盆仙人掌，两年后发现，这些人的头疼和易疲劳症状消失。后来，不知哪位好事者提出，很可能是因为仙人掌吸收了显示器释放的射线。这个说法被人们轻易相信并流传至今。然而，这项研究压根没有检测显示器周边的电磁辐射强度。而仙人掌科植物属于多肉植物家族中的一员，进而引申，一些商家就把所有的多肉植物冠以能够“防辐射”的功能。

还有人认为，仙人掌之类的多肉植物因为长期生长在热带沙漠地，其吸收日光辐射的能力强，放在电脑旁可防止电脑辐射。其实这完全不是一码事，抗阳光照射不等于能吸收电磁波辐射。

我们知道，电脑释放的射线是以直线方向朝四面八方前进的，遇到某些阻挡物（包括多肉植物）后会被阻隔，而放在桌上一角的多肉植物不是抽油烟机，没有使射线弯曲后被吸收的本领。“如果用多肉植物防辐射的话，就需要用大量的植物将电脑包围，与人彻底隔绝。”当然这只是一句玩笑话，现实中是行不通的。所以，我们说“多肉植物能防电脑辐射”完全是一个“传说”。其实，凡是生物体都有吸引辐射的功能，但这种功能比较弱，或许有些植物对电磁辐射的耐受力强些，但绝没有任何一种植物能通过吸收辐射源发出的辐射，使它旁边的人免受或少受有害辐射的影响。

▼景天科的天使之泪

小心同名植物陷阱 人有重名的，在多肉植物中也有此现象，一些植物的名字尽管一样，但却是完全不同的种类，像景天科和芦荟科都有一种叫“天使之泪”的；仙人掌科乳突球、芦荟科瓦苇属、景天科石莲花属都有叫“月影”的品种；龙舌兰科、仙人掌科、景天科中都有叫“桃太郎”的品种。

在多肉植物圈儿内，“雪莲”是指景天科石莲花属的雪莲，而不是指产于我国新疆、西藏、青海的名贵药材，雪莲果也不是雪莲的果实，而是一种可以作为水果食用的菊科植物；“牡丹”则是指仙人掌科岩牡丹属的龟甲牡丹、玉牡丹、黑牡丹、龙舌兰牡丹等，而不是指传统意义上的国花牡丹；“鱼”，是仙人掌科的乌羽玉属植物的统称。此外，景天科长生草中有观音莲，天南星科海芋属中也有叫观音莲的品种。

因此，引进品种时一定要看实物或者相关资料，切不可只看植物名字，以免购进不是自己需要的植物。

眼见未必是实，照片也会作假 网购，是不少玩家购买多肉植物的主要渠道，网购的时候一般都是以照片为准，先看看照片是否自己需要的品种，然后再确定购买与否。一般认为，照片是写实的，不会弄虚作假。殊不知，眼见也未必是实，照片也不一定能够完全反映出植物的真实状态。

网上曾经流传过一张银富鳞（景天科青锁龙属）的照片，淡绿色的心形叶片素雅清新，几根花箭亭亭玉立，格外迷人，吸引了不少人寻

▲ 网络上的银富鳞

▲ 现实中的银富鳞

觅求购，而看到实物后感觉非常一般，完全失去了“小清新”的感觉。

其实在植物摄影中稍微用点小技巧，就能把植物拍得非比寻常的漂亮，对于玉露、寿、万象、玉扇等有“窗”类的植物，拍照前喷点水，能使窗更加通透，色彩更加鲜亮。此外，光线的选择也非常重要，侧光、逆光能表现植物的立体感，使得照片层次更加丰富；而顺光或闪光灯拍摄，则给人以一览无余的感觉，其效果最差。角度的选择也很重要，有些商家在给植物拍照时会故意遮挡植物上的疤痕、伤口等不足之处。此外，使用电脑修图软件也会把原本灰头土脸的植物修饰得漂漂亮亮，美不胜收，况且盗用别人的图片，甚至国外一些网站上的图片，“挂着羊头卖狗肉”，卖自己东西的人也是屡见不鲜。因此，最好向商家多要几张不同角度的照片或未喷水的素颜照，全方位观察再决定购买与否。

附录 本书主要品种中名索引

（以汉语拼音音序为序）

A

爱染锦 / 45
安波沃大戟 / 93
安珍 / 22

B

巴 / 52
宝草 / 73
宝辉玉 / 33
宝山 / 144
白百合 / 115
白凤菊 / 12
白帝城 / 175
白桦麒麟 / 96
白肌赤耳 / 84
白菊 / 60
白绢丸 / 158
白蔹 / 120
白魔 / 33
白牡丹 / 150
白鸟 / 116
白拍子 / 21
白檀 / 113
白象 / 55
白星 / 116
白熊 / 56
白银寿 / 71
白稚儿 / 49
刨花厚墩菊 / 127
贝叶寿 / 69
笨巴蒂丝缀化 / 37
碧光环 / 30
碧琉璃塔 / 77
冰山 / 87
薄雪万年草 / 142
布鲁牵牛 / 127
布纹球 / 96

C

彩叶麒麟 / 93
草球 / 110
长生草 / 57
长生草缀化 / 57
长城丸 / 109
赤褐富贵玉 / 19
赤花菊水 / 110
赤花娇丽玉 / 108
赤水玉 / 54
吹雪柱 / 100
春峰之晖 / 8
春桃玉 / 28
翠冠玉 / 103
翠花掌 / 62
翠绿石 / 54
翠竹 / 100

D

大苍角殿 / 122
大戟阁锦 / 3
大久保寿锦 / 74
大龙冠 / 5
大叶奇峰锦 / 55
大疣卧牛 / 10

达摩福娘 / 9
大枪 / 26
灯泡 / 25
帝冠锦 / 102
帝王卷 / 80
帝玉 / 28
地上之星 / 80
东云 / 39
兜 / 104
断崖女王 / 126
冬之星座 / 79

E

阿房宫 / 55

F

方塔 / 51
绯花玉 / 110
飞龙 / 94
风车 / 77
风铃玉 / 14
凤凰 / 47
凤卵 / 28
佛甲草 / 154
伏地魔 / 166
芙蓉雪莲 / 42
斧叶椒草 / 173
富贵丸 / 115
富士 / 47

G

高砂之翁 / 116
高砂石化 / 8
鸽子蛋 / 24
沟宝山 / 163
光山锦 / 158
光堂 / 132
怪奇玉 / 30
龟甲龙 / 119
龟甲萝藦 / 128
龟甲牡丹 / 6

H

海马 / 130
海虎兰芦荟 / 148
海王球 / 110
寒鸟巢缀化 / 157
荷花柱 / 117
合鲁牵牛 / 127
鹤之巢缀化 / 157
黑法师 / 44
黑鬼殿 / 127
黑魔殿 / 62
黑牡丹 / 104
黑皮月界 / 126
黑王子 / 41
黑蜥蜴 / 78
红宝石 / 2
红大内玉 / 20
红背椒草 / 131
红稚莲 / 151
虹之玉 / 35
虎刺梅 / 95
虎尾兰 / 91
花椿 / 52
花葵 / 72
花笼 / 107
花叶寒月夜缀化 / 155
花月 / 138
幻玉 / 27
荒玉 / 20
黄金花月 / 135、140
猴尾柱 / 117
惠比大黑 / 121
惠比须笑 / 121
辉山 / 86
火祭 / 168
火星兔子 / 53

J

姬红小松 / 149，156

姬莲 / 41

姬乱雪 / 89

姬秋丽 / 152

姬小光 / 40，150

姬星美人 / 35

吉娃娃 / 40

纪之川 / 48

加花土参 / 122

假明镜 / 43

甲蟹 / 87

将军阁 / 99

娇丽玉 / 108

金不换 / 158

金铃 / 29

金龙 / 112

锦晃星 / 156

锦珊瑚 / 98，99

精巧殿 / 109

精巧丸 / 106

静夜 / 39

九轮塔 / 78

九头龙 / 98

久米之舞 / 149

酒瓶兰 / 91

菊水 / 109

菊纹章 / 19

卷叶垂筒花 / 125

K

康平寿 / 70

克里克特寿 / 69

克氏球 / 116

空蝉 / 26

恐龙瓦苇 / 81

库珀天锦章 / 155

宽叶弹簧草 / 124

狂野男爵 / 42

块根寿 / 131

魁伟玉 / 98

L

蓝鲸 / 90

东地王 / 17

雷神 / 87

泪珠锦 / 82

丽光殿 / 115

丽人 / 50

丽钟阁 / 129

鳞芹 / 131

绫耀玉 / 27

琉璃殿 / 76

流星雨 / 82

龙城 / 76

龙宫城锦 / 48

龙鳞锦 / 75

龙山芦荟 / 63

泷之白丝 / 88

露草 / 11

鸾凤玉 / 105

螺旋芦荟 / 63

螺旋麒麟 / 94

绿冰 / 83

绿凤凰 / 47

绿龟卵 / 34

绿塔 / 51

绿之铃 / 128

落花之舞 / 118

落地生根 / 150

落日之雁 / 138

M

漫天星 / 79

蛮鬼塔 / 127

毛花柱 / 117

毛汗尼 / 168

毛球肉锥 / 25

毛牡丹 / 72
梦殿 / 50
美刺玉 / 100
美国芦荟 / 63
美花角 / 112
美丽莲 / 60
美杜莎 / 106
明镜 / 43
魔南景天 / 60
墨西哥龟甲龙 / 119
魔玉 / 32
牡丹类仙人掌 / 104

N

南蛮玉 / 27
尼古拉 / 77
泥鳅掌 / 128
拟蹄玉 / 129
怒雷神锦 / 87
怒涛 / 13

P

蓬莱宫 / 115
佩雷 / 116
漂流岛 / 49
普米拉 / 88
普西丽菊 / 128

Q

千代田之光 / 62
钱串景天 / 53
钱形瓦苇 / 82
蔷薇丸 / 109
亲指姬 / 29
青瓷塔 / 84
青龙 / 77
青鸾 / 28
青瞳 / 77
青锁龙 / 48
青蟹寿 / 10，72
青渚莲 / 41
清姬 / 22
球松 / 135
曲玉 / 20
群碧玉 / 22
群鲛 / 74

R

韧锦 / 118
人参大戟 / 99
仁王冠 / 90
乳突球 / 114
瑞凤玉 / 105
瑞鹤 / 80
日出 / 113

S

赛米维亚 / 73
三角牡丹 / 104
三日月美人 / 59
三仙寿锦 / 74
丝叶苍角殿 / 123
沙漠玫瑰 / 121
山吹 / 113
山地玫瑰 / 45
山乌龟 / 120
山影拳 / 148
少将 / 26
神刀 / 49
神丽 / 50
神仙玉 / 114
生石花 / 14
士童 / 111
史扑寿 / 72
笹之雪 / 87
寿无限 / 52
睡布袋 / 3
霜降 / 75
水泡 / 54
松虫 / 151
松露玉 / 107
松塔景天 / 143
松塔掌 / 84

松霞 / 5
松针牡丹 / 115
酥皮鸭 / 37

T

塔椒草 / 131
太田瘤玉 / 4
太阳 / 112
弹簧草 / 123
唐扇 / 32
唐印锦 / 59
桃美人锦 / 58
桃之卵 / 59
天女 / 30
天使之泪 /81，191
天守之座 /82
铁甲球 / 95
条纹瓦苇 / 75
筒叶菊 / 143
筒叶花月 / 53，139
筒叶麒麟 / 93
托尼 / 50
椭叶木棉 /126

W

万象 / 6，67
万物相 / 55
王妃雷神 /7，88
王妃笹雪 / 9，89
无比玉 / 33
乌木 / 40
五十铃玉 /13
卧牛 / 10，82
蜈蚣丸 / 112
乌羽玉 / 102

X

西山寿 / 70
习志野 / 110
虾钳花 / 31
仙女杯 / 151
翔凤 / 31
象牙球 / 112
小白鸽 / 78
小红衣 / 42
小红嘴 / 24
小蓝衣 / 41
小夜衣 / 49
小雪衣 / 49
小人祭 / 45，134
小人之帽 / 108
蟹爪兰锦 / 118
信东尼 / 35
新妖 / 32
新月 / 129
心叶球兰 / 130
星琴 / 23
熊童子 / 57
旭波之光 / 56
徐福之酒瓮 / 125
旋风麒麟 / 94
雪莲 / 42
雪女王芦荟 /62
雪天使 / 36
勋章 / 24

Y

亚迪大戟锦 / 97
雅乐之舞 / 142
亚龙木 / 132
艳日晖 / 44
胭脂红景天 /34
炎之塔 / 84
洋葱头瓦苇 /73
妖炎 / 90
妖玉 / 27
夜叉姬 / 144
夜犀角 / 129
乙女心 / 146
银波锦 /56
银蚕 / 119
银富鳞 / 192

银角珊瑚 / 192
银星锦 / 36
银冠玉 / 103
银牡丹 / 106
银龟寿 / 74
银光玉 / 33
婴儿手指 / 153
樱麒麟 / 101
鹰爪 / 78
优婉丸 / 115
雨滴 / 157
玉椿 / 52
玉碟 / 38
玉翡翠 / 131
玉麟宝 / 97
玉露 / 8，65
玉扇 / 68
玉牡丹 / 104
玉叶 / 140
鱼骨葵 / 174
鱼鳞大戟 / 94
羽毛球 / 116
御所锦 / 54
猿恋苇 / 118
月光 / 50
月兔耳 / 59
月世界 / 108
月晕 / 51
月影丸 / 115
月之童子 / 116

Z

照波 / 12
稚儿姿 / 48
皱叶麒麟 / 147
蛛网长生草 / 57
子宝锦 / 83
子持莲花 / 46
紫牡丹 / 58
棕榈酢浆草 / 132
紫王子 / 113
紫云丸 / 112